16型人格

心理学与性格解析

于旭光 著

中国纺织出版社有限公司

内 容 提 要

理解他人是一件难事，而理解自己未必就十分容易。众多的文学名著、哲学思辨、命理分析都在尝试解析作为一个群体的"人"的共性，但作为生活在现实中的单独的你我，这些理论似乎都过于遥远。如何理解父母？如何理解同学？如何理解爱人？如何理解孩子？这些问题困扰着每个现实的人。

本书基于全球最流行的MBTI十六类性格分类，但规避了庞大而机械的MBTI问卷测试系统，直接将其精准的原理应用于日常生活。无需专家顾问，人人都能成为精准的性格分析师。实用的方法必须是科学精准又简易的，才能让人们在日常生活中活学活用，知己知彼，化解危机。

图书在版编目（CIP）数据

图解MBTI16型人格：心理学与性格解析／于旭光著．--北京：中国纺织出版社有限公司，2022.6
ISBN 978-7-5180-9460-8

Ⅰ．①图… Ⅱ．①于… Ⅲ．①人格心理学—图解 Ⅳ．①B848-64

中国版本图书馆CIP数据核字（2022）第052989号

责任编辑：闫 星　　责任校对：高 涵　　责任印制：储志伟

中国纺织出版社有限公司出版发行
地址：北京市朝阳区百子湾东里A407号楼　邮政编码：100124
销售电话：010—67004422　传真：010—87155801
http://www.c-textilep.com
中国纺织出版社天猫旗舰店
官方微博 http://weibo.com/2119887771
天津千鹤文化传播有限公司印刷　各地新华书店经销
2022年6月第1版第1次印刷
开本：880×1230　1/32　印张：5.75
字数：60千字　定价：59.80元

凡购本书，如有缺页、倒页、脱页，由本社图书营销中心调换

前言

俗话说，"性格决定命运"。了解自己的性格，不仅为了坦然接纳自己的命运，更因为认识自己、理解别人是从根本上规避和化解人世间各种矛盾冲突，获得事业成功、家庭幸福的关键。

生活中的各种人际关系冲突和痛苦，归根结底是两类不同世界观之间的误解，日积月累而造成难以逾越的鸿沟。能够及时化解每一个小误会，从理解、到接纳、再到欣赏人与人之间的差异，是达成美满生活的治本之路。

古希腊哲学家泰勒斯说：世上最难的事是认识自己。认识复杂事物的关键是抓住其核心简单的本质。正如"人"字本身所体现的智慧，复杂的人性中最核心的本质是简单的"一撇一捺"，牢记这个简单不变的人性，你就容易理解为什么男人总爱劈腿，为什么社会政体总是左右分裂，以及为什么人的性格总会有不同程度的左倾和右倾。这一切复杂的问题，与左脑右脑、左手右手的本能偏好的本质是一样的：一分为二、对立统一。

然而，简单不等于肤浅。当今五花八门的性格分析方法和工具多如牛毛，以往只有少数大师才能明白的星座、属相、风水、八字，今天变成任何人用手机按几个键就能得到结论的八卦游戏，以至于让这个非常重要的性格认知领域，越来越少有人当真。因为肤浅、片面、失真的简单归类，根本无法反映变化多端的完整性格。

和星相学和八字命理相比，现代心理学性格分析，基于综合性的心理行为统计，归纳了影响性格的全部因素，因此比任何一种基于有限因素的命理更为完整。然而，经过几代心理学家精心钻研，在全球盛行了一个多世纪的正统心理学人格测评系统，如百年历史的MBTI和后来的DISC、Big Five等，也普遍受到网络游戏冲击，只能坚守在肯花钱的大企业市场，远离那些最迷茫、最需要理解生活问题的普通大众。

能够让普通人容易掌握、又不被误导的性格分析，不能是肤浅的网络游戏，也不能是复杂昂贵的商业系统。这本小书，推荐一种简单易用又不失精准的完整性格分析方法，人人都能掌握，最适合日常生活的应用。该方法基于对现代心理学创始人荣格的《心理类型》原理的领悟，和长达二十多年的生活应用实践，借鉴全球应用最广范的两大商业体系的人格分类模型，回归经典，抓住简单的本质，便于活学活用。

普通人日常生活中更需要自我认知，对此我自己有深刻的生活教训。年轻时一度因为无法理解生活中太多的困惑，在别人眼里几乎完美的工作和婚姻，于我却充满了纠结和压力，以

至于导致精神崩溃。为了自愈，我开始接触心理学，从此养成了对心理性格研究和自我认知的爱好。因祸得福，这个爱好不仅比药物更有效、更彻底地治愈了自己，还让我领悟了各种性格分析方法的精髓，简化了全球应用最广泛的MBTI16型人格类型测试方法。运用这种方法，我们可以在茶余饭后的闲聊中快速了解一个人的性格天性，发现和理解彼此的核心价值观差异。迄今为止，这一方法已经启发并帮助了很多人，也希望读者在阅读这本书后也能获得启发。

十五年前教会我MBTI性格分析的，是一位资深的MBTI认证顾问，他常年在澳大利亚政府专职从事家庭和两性关系咨询服务。尽管他对MBTI人格理论的理解非常深入，但他用MBTI问卷测试出来的结果，对于一些初次接触MBTI的朋友来说较难理解，更难说长久记忆并应用于日常生活。而若想要确定真实人格，更需要专业人士的复杂讲解，并有MBTI专业顾问至少一年的跟踪服务。需要这么大的投入，以至于很少有人愿意追随他继续前行。这也是为什么理论完美的MBTI人格分析，却很难被普通人应用于生活实践。

机械化的自动测评，虽然容易实现商业化推广，但因此也忽视了荣格原本通过面对面交流和观察才能准确定位的个性化认知的基础。而自动测评给出的概括性描述，难以直达个人性格的本质因素，随着生活事件的变化，这类分析的论断终究会渐渐与真实的性格偏离。

003

的确，性格是易变的，不易变的是性格中的核心天性，即所谓气质。于是，我消化了荣格心理类型的原始经典原理，将从其拓展的两路商业系统模型，即：MBTI16型人格类型和KTS4类气质类型分析方法有机结合，通过直接交流、自创问卷来随机测评。不仅极大地简化了MBTI问卷测试的复杂流程，而且规避了容易失真的缺陷。

实践检验真理，我将这个的简单易行的人格类型分析实践，做成了一个两小时快速体验课程。业余在中国几所大学，如清华大学、北京大学和北京外国语大学，为当时刚兴起的大学生职业辅导做性格分析讲座。每一场面对一两百个学生，每次都有超过九成的学生能够找到令自己信服的人格类型。一些特别喜爱这个方法的人，能很快用来给自己的亲朋好友实践。一位在北京爱立信公司领导一百多人团队的朋友，很快将其用于团队建设和冲突管理。

这个课程也被北京外企服务公司用于新员工培训课程，北京航空航天大学MBA学院也因此授予我社会导师，业余为北京航空航天大学MBA学员做性格分析。很多朋友都轻松熟练地掌握了这个自我认知的"魔镜"，让他们在生活和职场中，通过轻松闲聊和默默观察就能暗自明了对方的性格天性类型，预知他所关心的人在某种场合下会有怎样的心理响应和行为。

2018年，这个课程被硅谷德安泽学院（De Anza College）作为心理学个人提升的社区公开课，我因此在湾区各种社区活

 前言

动中举办多场职业、家庭和两性关系的培训，每一场都毫无例外地受到学员的深切喜爱和热情反馈。

　　这个简化和改良的MBTI16型人格自测方法，非常容易上手。我女儿一直热衷于十二星座的性格分析，她只体验过一次我给她和她的同学在餐后做的性格分析和讲解，便爱上这个比十二星座更精准的武器，并在自己的同学中实践起来。不久她便兴奋地告诉我，她的朋友们都把她当成心理魔术师了。希望这本书可以让更多人了解这个简单、易行又可靠的方法，并从中受益。不需要依赖专家顾问，任何人都可以随时随地将其用于各种生活情境中，认识自己，理解他人，看清世界。

自序

  认识我或看过我的简历的人，一定很奇怪我怎么会写一本根本就是外行的书。我在清华大学汽车工程系攻读了11年，1992年博士毕业后却直接改行去了IBM中国代表处做了一名计算机销售代表。拿到这份工作，除了英语以外，11年的高等教育基本是浪费了。其实，我之所以一直在学校读书，不是因为喜欢，而是很怕毕业做工程师的工作。当年报考大学的时候，因为喜欢画画，且爸爸是建筑设计师，所以我报了清华大学建筑系，但是因为分数不够落选了。当年还有二次机会选择清华大学的其他专业，也可以换学校。我很想放弃清华去上海同济，那样就可以选理想的建筑学专业。但我父亲坚持要我留在清华，因为那是他当年未竟的梦想学府。而且，我父亲坚决反对我学文科，只要理工科，学什么都一样。就这样，我并非喜悦地走进了清华，扎进了一百人里只有5个女生的理工校园。清华是个毫无争议的好大学，但是对一个原本喜欢《红楼梦》、三毛和琼瑶的感性女生，清华的11年好像一直在给自己的神经做拉伸疲劳试验，我经常觉得承受力到了极限。最终有机会改行，我感到如释重负。

我在IBM工作了整整11年，感到如鱼得水，不仅找回了适合自己性格天性的工作，更重要的是，找回了十分的自信。此后，我离开了IBM这所最好的"职业大学"，去了比较小的高科技公司的中国分公司做主管，获得了更全面的职业经验。然而，当一个人事业顺风顺水的时候，就容易对不太顺的家庭关系特别敏感，夫妻关系不和谐和难以沟通的烦恼就会越来越多。我在第一次婚姻中挣扎了17年，最后还是失败了。当时我不懂什么性格理论，完全无法理解为什么一度深爱的校园情侣，生活到一起却根本无法理解彼此。这段失败的婚姻，让我开始研究各种性格分析理论，由此发现了当时只在大公司职场上应用的MBTI人格分析。这让我感觉非常神奇，找准一个人的类型之后，预测这个人在某种情形中的行为表现和现实吻合得难以令人置信。MBTI的16型人格，是基于荣格的4类气质原型组合而成的，由代表这4类相反气质的8个字母不同顺序组合成16类不同性格。我发现我和前夫的性格类型的4个维度，完全是相反的：他的是ESTJ（外向、实感、理性、判定），而我的是INFP（内向、直觉、感性、认知）。而且我俩的个性特征都是极端鲜明的，难怪我们在生活中，什么事情都很难有一致的观点。在大学时我们是同学，正是因为双方的巨大差异才彼此欣赏而相互吸引，是所谓的"异性相吸"。其实，类似我俩的例子是很多见的，大多数夫妻因为性格不同或天赋互补而互相吸引，走到一起，但后来又同样因为性格不同、价值观分歧而分离，而分离的关键不是差异本身，而是双方不能理解彼此的差异。我与现在的爱人仍然存在鲜明的性格差异，但因为我已经深谙性格类型的心理和表象规律，对于不同于自己的性格能够在理解的基础上接纳、欣赏，结果两个人的个性天赋差异就成了彼此欣赏和互相需要的基础。

　　看到社会上很多年轻人和我当年一样，不知道自己的天性和天赋特点，选择了一个根本不适合的职业方向，浪费很多年学业积累和时光；看到很多的家庭因为夫妻无法理解彼此的性格差异而无法和谐相处以致离异，我决心将自己从MBTI人格分析中得到的感悟，归纳成一种更适合现实生活，不需要专家和大师，而能随时随地从每一个生活现象中获得人性差异规律的认知，献给各位有需要的读者。

　　只有可以深入日常生活的人格分析实践才真的有意义。因此，在深入理解和不断实践的基础上，我将基于通用标准问卷测试的MBTI人格类型测试方法，改变成主动在生活中寻找熟悉的情景问题全面自测的方法，不仅规避了昂贵的标准问卷的商业版权限制，也规避了不理解刻板化的问卷题意带来的不准确结果。回归经典的荣格的心理类型原理，让这个复杂的心理模型变得简单实用而精准。如此，每个人都能轻松掌握，可以在日常生活、工作的任何人际关系中，随时随地通过观察，掌握某个人的人格类型和他的某种场合下的行为倾向。这简直就像戴上了一幅"透视镜",让每个人的个性在你眼前变得透明。

这本更加通俗话的小书,更直观形象地将这个复杂原理通俗地表达出来,浅显易懂。

世上的一切痛苦,小到家庭,大到社会,究其根本,都是不能彼此理解而导致的误解和纷争。如果矛盾双方能从理解、到接纳、再到欣赏,任何矛盾都会化解。倘若这个社会大多数人都能"知己知彼",欣然接纳与自己不同而固有的人格偏向,那这个世界就自然不会有那么多无休止的纷争和战争了。

于旭光

2022年3月

 社交让我心力交瘁： 　001
我从哪里获得能量

第一节　外向一定比内向好么 / 003
第二节　人物肖像：内向型 VS. 外向型 / 006
第三节　当外向的你遇上内向的他/她 / 008
第四节　内向的孩子≠不自信的孩子 / 010
第五节　测一测：你是内向型还是外向型 / 013

 一眼看穿人心： 　019
我怎么感受事物和信息

第一节　哪一个更可靠？五官 VS. 第六感 / 021
第二节　人物肖像：实感型 VS. 直觉型 / 025
第三节　不够"现实"的另一半 / 027
第四节　给孩子做白日梦的时间 / 030
第五节　测一测：你是实感型还是直觉型 / 033

打工 VS 创业：
我怎么做决定
039

第一节　严父慈母？不，虎妈猫爸 / 041
第二节　人物肖像：理性型 VS. 情感型 / 043
第三节　讲道"理"会伤感"情" / 045
第四节　当理性型的家长遇上情感型的孩子 / 048
第五节　测一测：你是理性型还是情感型 / 050

审判 VS 感化：
我如何应对未知
055

第一节　不要给我"贴标签" / 057
第二节　人物肖像：判定型 VS. 认知型 / 059
第三节　对象是"邋遢大王"？小心你的"归类"强迫症 / 061
第四节　扬长避短，寻找判定型和认知型孩子的不同天赋 / 064
第五节　测一测：你是判定型还是认知型 / 067

划定舒适圈：
什么是可以改变和不能改变的
073

第一节　易变的"性格"和不变的"天性" / 075
第二节　后天教育对于实感型和直觉型偏向的影响 / 080
第三节　后天教育对于理性型和情感型偏向的影响 / 084
第四节　后天教育对于判定型和认知型偏向的影响 / 086

 接受自我才能发展自我 | 089

第一节 我属于 MBTI 十六类中的哪一类 / 091
第二节 不被测试结果限制：
不同的字母组合代表了什么 / 093
第三节 难以摘下的"社交面具" / 099

 在舒适圈中生活：性格分析如何影响就业 | 105

 四组气质类型特征 | 117

 十六种性格类型特征 | 125

致　谢 | 166

第一章
Chapter 1

社交让我心力交瘁：
我从哪里获得能量

第一章 社交让我心力交瘁：我从哪里获得能量

 第一节
外向一定比内向好么

在荣格的心理类型理论，最基本的两类心理性格类型是内向（I）和外向（E）。这是两类最早形成的，几乎是与生俱来的心理性格倾向。内向型有抵御外界要求的倾向，本能地保存他自己的能量不外泄；而外向型的特性则在于不断以各种方式扩展他自己，吸收外界能量滋养和改造自己。人体就好比电池，内向型的人从自身内部寻找内在能量充电，而外向型的人则从外界能源充电。

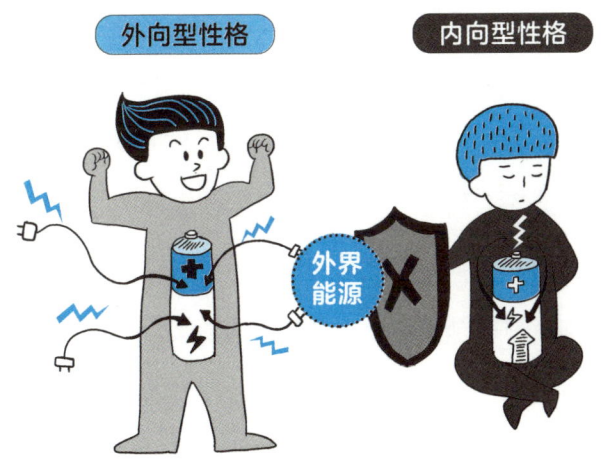

这是最基本的两类心理性格，对其他性格特质的影响也最大。因此掌握了这个人格中最本原、最深刻的两类差异，性格天性定位就有了稳固的基础。荣格还指出，一个人不可能因为内向或外向，就在每一个方面都必须是内向和外向的。

因为这一对性格类型的来源中，包含天生本能因素最多，在做问卷测试中，对于某一个情景不确定的时候，尽可能回顾儿时的记忆，或是四十不惑之后的经验，会比较准确，因为人生始末两端的表现更接近原始本能。注意，行为习惯不等于本能，只有那些没有被环境改变或受利益驱动的行为才是最原始本能的"天性"体现。

以我自己的经验举例，因为销售工作的需要，在以往多年的工作场合，我被锻炼地很能说话，因此在很多人看来我明显是外向型的。但其实，我小时候是非常内向的，见到生人总会很害羞。成年后因为工作性质才练就了外向开朗的表象。然而我知道，每个社交场合，每一次登台演讲，即使能从容应对，对我都是身心一个很大的透支，之后总需要无人打扰的独处来恢复精力。这个童年时明显的内向天性，驱使我在四十不惑之年放弃了世人都羡慕和追逐的高管职业。随

第一章 社交让我心力交瘁：我从哪里获得能量

着年龄增长，我以往的外向型倾向不断退缩到几乎只喜欢独处或与很少几个知己交往的生活模式。

相比在人前的侃侃而谈，内向者更喜欢独处。

如果我不了解内向和外向的原理，年轻时在做问卷测试的时候，很多问题只看某个情境中的行为习惯，测出的结果可能是外向型的。

图解 MBTI 16 型人格 心理学与性格解析

第二节
人物肖像：内向型 VS. 外向型

外向型（E）：从其他人和外部活动中获取能量

- 解压的方式是倾诉，与人交流

- 喜欢聚会和社交活动，乐于分享

- 兴趣和生活面广泛，容易被新鲜事物吸引

- 爱说话，善于表达，喜欢轻松宽泛的话题

- 害怕孤独，不喜欢独处

外向者在社交中获得能量。

内向型（I）：从自身内部和静思中获取能量

解压的方式是独处或和最亲密的人深入交流

• 不喜欢人多的聚会和社交活动，不主动分享

• 兴趣和生活面很窄，专注于自己熟悉和习惯的领域，不轻易改变

• 不爱主动说话，不善于在公共场合演讲

• 喜欢独处，需要私密空间

内向者在独处中得到能量。

第三节
当外向的你遇上内向的他/她

外向和内向是两类最基本的性格天性,最难改变,或者说改变常伴随着痛苦和压力。

在长久的亲密关系中,极端内向的一方需要私密空间去充电,尤其是在疲劳和承受压力的时候,内向的他需要关闭自己,独自看书看电视甚至发呆。家庭聚会和社交活动等对于外向型人格是娱乐、休闲的活动对内向型人格而言都是身心透支。

内向的丈夫需要独处,外向的妻子想要陪伴。

第一章 社交让我心力交瘁：我从哪里获得能量

而相反，外向的她最受不了孤独，她需要朋友，需要聚会，需要说话交流……如果外向型的她不懂内向的另一方的需求，就会把另一方的沉默误认为是对自己的冷落和失去兴趣。而她越是抱怨，对方就越要回避。

性格的差异在日常矛盾中不断重现。

这是我们都不陌生的一对内向和外向夫妻生活的典型情景。这一对夫妻若能理解彼此需要不同的能量来源保持自己的精力，就会兼顾彼此不同的需求，将生活分为共享和独立的两个空间。不会把自己的快乐来源全部寄托在对方身上，这不是离心，而是真正的齐心合力。

图解 **MBTI 16 型人格** 心理学与性格解析

第四节
内向的孩子 ≠ 不自信的孩子

传统的中国家庭，父母喜欢自己的孩子被别人夸赞懂事，因此从小就培养孩子懂礼貌。家里来人，如果孩子不主动叫叔叔、阿姨，就会被管教。特别是外向型的家长遇上内向型的孩子，家长不懂得内向型孩子的天性需求，每一次都逼迫孩子和生人说话，结果让不懂得为什么自己不情愿、总让父母失望的孩子对自己丧失信心，甚至变得爱脸红、口吃。此时，家长若是进一步把孩子的内向归结于自卑、不自

内向的孩子需要父母的理解和鼓励。

第一章 社交让我心力交瘁：我从哪里获得能量

信，甚至给孩子贴上标签，只会导致和孩子之间的关系更加恶化。

不爱说话的孩子，往往是敏感和爱深思的，他们不仅需要自己的空间，因为不成熟，更需要大人的接纳和肯定，这样他们的个性才会得以健康发育。不理解内向天性的需求，家长容易把孩子不同于自己的个性看成问题来修理，压制了孩子的自信。

每个孩子的个性健康发展后，都能发展出璀璨天地。

我初到美国硅谷，在斯坦福大学的校园前看到一棵棵长得很繁茂的大树，很是感慨。每一棵树，必须有足够的空间，才能充分地吸收阳光，长成如此挺直和茁壮的大树。

在集体主义文化中，家长的求同心理严重，经常忘记给孩子足够个性空间，以至于内向型的孩子较难以发挥自己全部的潜能。外向的家长，不要强迫内向的孩子跟着自己参加各种社交活动，更要避免用邻居家外向性格的孩子作为榜样让自己孩子变得热情大方。

相反，当孩子因为在学校不合群而不快乐的时候，要能够帮助他认识到自己内在的力量，坚定自己的主心骨。

第一章 社交让我心力交瘁：我从哪里获得能量

第五节
测一测：你是内向型还是外向型

•当你感到疲惫或压力时，你会去找朋友聚会或参加社交活动来给自己充电（E），还是更喜欢待在家里看书、看电视，或静思来恢复精神（I）？

•参加社交聚会，你是否会不断走动结交新朋友（E），还是会待在某个地方等别人找你（I）？

•你是否经常待到最后，甚至希望永远不要结束（E），还是经常盼望着聚会早点结束，或提前离开（I）？

- 在你童年的记忆中,当家里有客人来时,你会感到兴奋(E),还是害羞,害怕和陌生人打招呼(I)?
- 你经常邀请朋友在家聚会(E),还是很少这样做(I)?
- 你喜欢结伴团体旅游(E),还是自己独行(I)?
- 你欢和好友的家庭一起合伙露营(E),还是更喜欢自己家独自出行(I)?
- 在火车或飞机上,你通常会主动和旁边的人谈话(E),还是保持沉默,有问才答(I)?
- 童年上学时候,你爱主动举手提问或回答问题(E),还是只有当被老师点名时才发言(I)?

第一章 社交让我心力交瘁：我从哪里获得能量

- 你经常说话不加思索（E），还是在说话前先思考清楚（I）？

- 你容易将你的私事和情感和别人分享（E），还是尽可能隐藏（I）？

- 当你受委屈时，你需要找人倾诉（E），还是宁愿憋着或写在日记里（I）？

- 童年从学校回家，你会主动诉说学校发生的和你自己的事情（E），还是很少说，除非被问（I）？

- 恋爱时候，你是否会毫无顾忌地轻易投入（E），还是在开始时会很谨慎（I）？

- 你很容易谈论起自己和别人的关系（E），还是轻易不谈（I）？

- 你喜欢从讨论中获得某个想法（E），还是容易从静思中获得（I）？

- 你说话时能忽视周围的背景噪音（E），还是容易受别人的干扰（I）？

- 你喜欢在公众场合演讲（E），还是不喜欢（I）？

- 无论是一对一交流还是小组讨论，你都喜欢（E），还是你更喜欢一对一交流（I）？

图解 MBTI 16 型人格 *心理学与性格解析*

外向者更乐于主动发言。

• 在会议上，你是否经常主动发言（E），还是经常沉默地倾听（I）？

• 你更喜欢面对面的、口头的交流而不是书面的（E），还是更喜欢书面的交流（I）？

• 你的兴趣很宽泛，但不太深入（E），还是会对某些非常感兴趣的深入研究（I）？

• 你喜欢和各种人聊天，学习你不知道的任何东西（E），还是不喜欢泛泛的社交，但当你遇到一个能深入交谈的人却会滔滔不绝（I）？

• 阅读报纸或杂志时，你会浏览每页大多数标题（E），还是专挑自己感兴趣的题目认真读（I）？

第一章 社交让我心力交瘁：我从哪里获得能量

- 你擅长同时做几件事（E），还是喜欢专注一件事，很难同时做多件事（I）？
- 在工作中，你是会关注周围发生的任何事（E），还是一般只关注自己的工作（I）？

第二章
Chapter 2

一眼看穿人心：
我怎么感受事物和信息

第一节
哪一个更可靠？五官 VS. 第六感

荣格在划分了两种基本性格类型之后，又提出了四种认知心理功能（cognitive functions）：其中包括一对感知心理功能类型：实感（S-Sensing）和直觉（N-Intuition），和一对做决定时的心理功能类型：思考（T-Thinking）和情感（F-Feeling）。作为性格的"基因"，这四种认知功能与前面介绍的内向、外向两类性格类型共同作用，构成了荣格心理性格的"原型"。

在两对四种认知功能中，最重要也是最不容易被正确理解的便是这第一对：实感和直觉。

很多书籍将"Sensing"翻译成"感觉"，我更喜欢用"实感"，因为"实"是这种认知功能的关键。感觉有很多种，这类"实感"的认知心理功能，指的是通过"实在"的感官，即耳、鼻、舌、眼和触觉所直接看到、听到、摸到和感知到的实在的信息。荣格认为实感是一种带着最大潜在活力的本能。

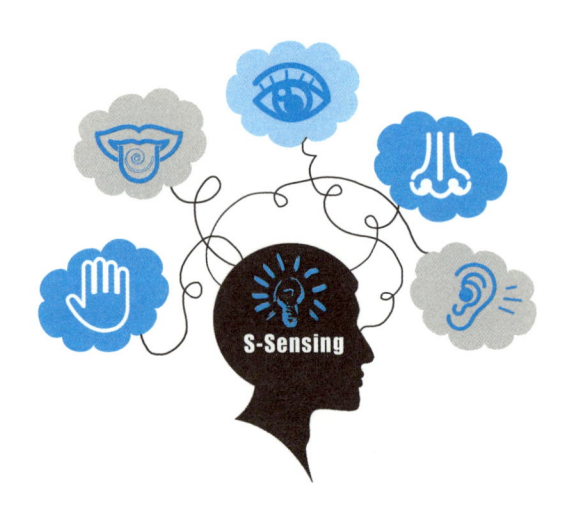

与实感相对的"直觉（Intuition）"，拉丁语本意是"窥视"，荣格认为它是一种以无意识的方式传达感性认识的基本心理功能。直觉和实感一样都具有原始和婴儿心理的特征，是成人的思维意识的母体。和实感不同的是，直觉凭借无意识的本能，感知无形的、抽象的信息。通俗地说，就是用无形的"第六感"来感知那些"虚"的客观存在。

因此，区别实感和直觉体验的关键是"实"和"虚"。

比如，过去和现在发生的事，都是看得到的"实"的存在；而未来则是看不见的"虚"的存在。因而就容易理解偏好实感的人，往往活在过去和当下；而依靠直觉的人，生活里总会充满对未来的憧憬，对各种未知可能性的期盼。

第二章 一眼看穿人心：我怎么感受事物和信息

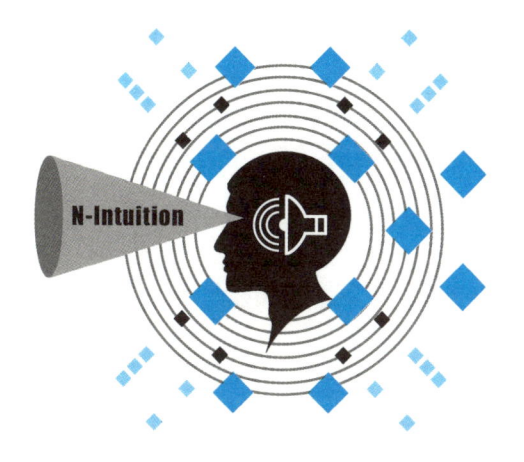

对大多数人而言，S和N是一对不容易自然觉察的特征，但如能把握其原本含义中的虚实本质，就不难辨别；实感的人善于观察和捕捉细节，而直觉的人擅长领悟宏观整体和抽象意境，理解了"五官"和"第六感"的区别，经常留意不

同生活情境中这两类人群接收外界信息的虚实倾向，二者之间的区别就会越来越清晰地呈现出来。

如果你看不透某个情境中自己的自然偏好，就尽可能回忆童年时期的记忆，因为那个时期出于本能的天性更明显。比如，实感的孩子一般更喜欢实在的玩具，如汽车和乐高积木，喜欢把玩具拆了再装起来，每一个细节都会吸引他的注意；而直觉的孩子往往喜欢拿一些废纸板和木棍自己搭建鬼屋，陶醉在自编自演的故事中。实感的学生擅长记笔记，考试细心，而直觉的学生往往上课爱走神，作业、考试中常常粗心大意等。

第二节
人物肖像：实感型 VS. 直觉型

实感型（S）：擅长通过五官来感知客观实在

- 擅长关注细节

- 喜欢处理具体、实际的事情

- 喜欢明确的、可量化的目标

- 擅长按部就班地按照规程做事

- 喜欢重复做熟悉的、得心应手的工作

- 生活坐标是过去和现在，喜欢收集过往的记忆

直觉型（N）：擅长用第六感感悟虚无

- 擅长宏观和抽象

- 喜欢想象未来的各种可能

- 喜欢未知的挑战和能创新的机会

- 不喜欢做重复的事情，一旦熟悉便容易丧失兴趣和热情

- 喜欢跳跃地做事，无论时间和地点

- 生活坐标是未来，生活充满梦想

第三节
不够"现实"的另一半

不像内向和外向那么容易被认知,实感和直觉是一对非常隐蔽的矛盾,因此往往造成很深的成见和难以解开的误会。尤其是长期的亲密关系中,这些隐秘的矛盾会不断发酵,以致最终形成难以调和的矛盾。

注重细节、活在当下的实感型妻子,整天忙里忙外,同时不停地抱怨丈夫不务实、不靠谱。她必须紧紧把握家里的财务,因为会担心辛苦多年的积蓄被他的某个突发奇想全部挥霍光。

然而，直觉型的丈夫打心眼里从来不承认家里的财富都是靠妻子管理和节省出来的。他认为他的前瞻性创造的机会为家庭贡献更大，甚至他也会抱怨，若不是她阻挡了他的某个机会，自己一定会有更多的财运。他们之间如此互不服气，很难调和，彼此都认定自己是对的。的确，他们的感觉都是对的。

实感型的人擅于把握有形的事物；而直觉型的人的天赋是领悟无形的内容。如果直觉型和实感型配对的夫妻能够理解这两类天性的差异，联合起来，像一个企业的财务总管总经理CEO和财务总监CFO一样分工合作，直觉型的一方把握宏观方向，实感型的另一方把握微观细节，彼此欣赏和信

第二章 一眼看穿人心：我怎么感受事物和信息

任，那么两人的性格差异就变成互补，使整个家庭集体既能抓住新的机会，又不会败于执行的细节。

第四节
给孩子做白日梦的时间

实感型的家长遇到直觉型的孩子，经常不知所措，因为这样的孩子经常不循规蹈矩，不能脚踏实地、一步一个脚印地让家长看到成果。天性极端直觉型的孩子，经常会被老师告状上课不专心、作业不细心、学习不稳定。实感型的家长为此会非常紧张和担心，越发地给孩子立规矩，细心监督。可想而知，这样做的结果往往是家长身心疲惫，孩子更是对自己丧失信心，完全不明白自己的问题出在哪里。

直觉型的孩子心里总是充满幻想。

直觉型的孩子天性爱幻想，你给他精美的玩具他通常不会喜欢，他们更愿意拿一些废纸板搭建自己的城堡和鬼屋，陶醉在自编自演的故事里。直觉型的孩子通常显得比其他孩子晚熟，以致实感型的家长们往往因为看不到孩子现实的目标和按部就班的行动，对孩子那些胡思乱想和不着边际的梦想忧心忡忡。

实感型的家长每次外出，都会给孩子一堆指示，他们不知道这对于孩子而言都是禁锢、压力和不信任。这样严管下的直觉型孩子，通常很容易叛逆，因为他们内心强烈需求探索未知的世界，希望早日摆脱父母的约束和担心。

只有当父母理解直觉型孩子的内在需求，才会减少担心。实感型的家长，要能够帮助孩子为某一个他热衷的梦想细心规划，让他在实践中了解梦想和现实的距离，体会细节的重要性。

根据孩子的天性进行教育，才能获得最大的教育成果。

第五节
测一测：你是实感型还是直觉型

• 你善于记住方向和路线（S），还是没有导航器就很容易迷路（N）？

• 从初次拜访的朋友家回来，你对那个家的印象是什么？你是会想起某个细节，比如："我喜欢客厅地毯的图案"（S），还是会记住一个笼统的感觉，比如："感觉很温馨"（N）？

• 你的朋友换了一件新衣服，或一个新发型，你通常会一眼就注意到（S），还是会感觉不太一样，却不知道哪里变化了（N）？

- 你会更喜欢做财务报告（S），还是市场策化（N）？
- 你更喜欢写实艺术（S），还是抽象艺术（N）？
- 喜欢处理具体实际的事情（S），还是喜欢想象未来的各种可能（N）？
- 你的生活坐标更多的是过去和现在——"活在当下"（S），还是未来——"充满梦想"（N）？
- 小时候，你更喜欢有说明书指导的功能性玩具（S），还是更喜欢用木棍和盒子创造你自己的奇幻游戏世界（N）？
- 你喜欢收集过去的记忆，不容易忘怀（S），还是容易忘记过去，面向未来（N）？
- 你更擅于通过观察和模仿来学习（S），还是更擅于掌握概念和原理，自己发挥（N）？
- 恋爱稳定的时候，你更希望得到体现承诺的实际纪念物，比如：正式的宣布和订婚戒指（S），还是更喜欢含蓄的爱意，比如：某个意想不到的惊喜（N）？
- 对于休闲爱好，你更喜欢传统和熟悉的事物（S），还是喜欢尝试新鲜的和不同的事物（N）？

- 更喜欢明确的和可量化的事情（S），还是能够创新的机会（N）？

- 小时候，当你的父母外出时，你希望他们仔细交代你做什么（S），还是希望他们不管你，让你自由活动（N）？

- 工作中，你更希望老板给你明确的工作要求和指导（S），还是喜欢老板给你目标和方向，给你充分的自由，用自己的方式做事（N）？

明确的指示和目标让实感型的员工安心。

- 你喜欢在一个大的、层级制的机构工作（S），还是喜欢在一个小的、扁平化管理的公司工作，希望更灵活、自由，以及有更多机会（N）？

- 你更喜欢用常规方法或以前的经验来解决问题（S），

还是更喜欢尝试不同的方法（N）？

•与人沟通，你擅用证据、事实、细节和例子说明问题（S），还是擅用感觉、概念和想法来比喻沟通（N）？

•你喜欢严格按照日程和时间表开会（S），还是会为了某个新的主意，轻易改变会议日程（N）？

•你经常按部就班地做事（S），还是经常跳跃地做事，无论地点和时间（N）？

•你是否习惯每天按照"To Do List"做事（S），还是总有新的想法冒出来，打乱已有计划（N）？

•你喜欢做你熟悉的事（S），还是喜欢变化，尝试新的、从未经验过的事（N）？

第二章 一眼看穿人心：我怎么感受事物和信息

- 你看书通常会从头到尾、逐字逐句地阅读（S），还是经常快速浏览整本书，了解概貌，然后从中挑选出某些吸引你的部分认真阅读（N）？

第三章
Chapter 3

打工 VS 创业：
我怎么做决定

第一节
严父慈母？不，虎妈猫爸

和前面的感知心理功能相比，思考型（T-Thiking）和情感型（F-Feeling）是两类比较通俗和容易理解的心理功能。因为这是一对原本与性别相关的心理功能，从人类整体上看，男性普遍比女性更理性因此传统的家庭里普遍有严厉的父亲和慈爱的母亲。

"严父慈母"是常出现的家庭模式。

然而，在当今世界，更多女性走入职场，获得了更多展示自我的机会，这些女强人往往会比男性更理性；同样，一些男性也会比一般女性更感性，这是人类基因多样性的结果。区别理性思考型和感性情感型的重点是，思考型的人偏好用大脑思维做决定，而情感型的人偏好用心灵感性做决定。前者通常对事不对人，站在局外看问题；而后者往往更能从体贴人的角度，设身处地站在对方的立场看问题。

情感型　　思考型

性格分析中最困难，然而却又很关键的问题是，这四种心理功能，在两类不同的基本性格类型（外向和内向）人身上的行为表象是不同的。因此荣格将四类心理功能和两类基本性格类型排列为外向实感和内向实感、外向直觉和内向直觉等有序组合，构成了不同行为表象的性格类型。

第二节
人物肖像：理性型 VS. 情感型

理性型（T）：擅长用理性思考做决定

- 注重原则，如真理和正义

- 站在局外看待某件事情

- 从长远全面的视野看问题

- 擅长逻辑分析和规划

- 容易挑剔和批评，对事不对人

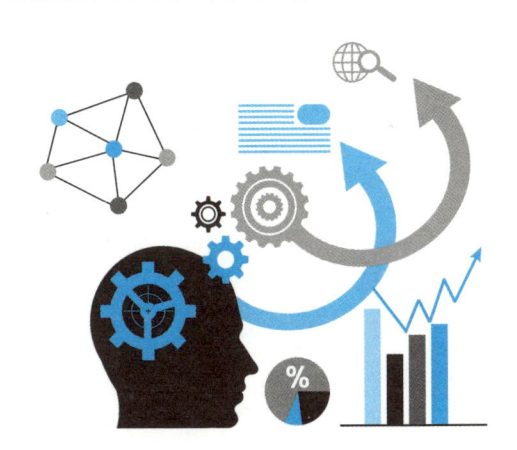

情感型（F）：擅长用感性和情感做决定

- 注重价值、人际关系和和谐

043

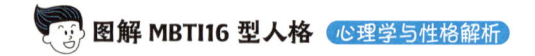

- 善于设身处地地来看待某件事情
- 从即兴和主观的角度看问题
- 善解人意，关爱人性，同情弱者
- 擅于肯定和赞扬，爱把人和事混为一谈

第三节
讲道"理"会伤感"情"

我的父母是一对典型的思考型和情感型搭配的夫妻，从小到大我与弟弟很少听到父亲的夸奖。小时候每次被思考型的父亲训哭了之后，情感型的母亲都会一边安慰我们，一边和父亲争执。直到现在我们还经常听到在他俩吵架时父亲的抱怨："好人都让你做了！"

极端偏执的思考型父亲，到老也无法理解为什么他坚持原则，为孩子们规划了好的结果，却输给了从来没有原

则，只有无条件的爱的母亲，因此他老年患上了抑郁症。可悲的是，我自己在第一次婚姻之前完全不懂这两类性格的区别，本能地又找到一个很有责任心，但却和父亲一样热爱批评的丈夫，以至于在我和女儿这一代，又重复了"为了孩子好"，但方法迥异而产生矛盾的故事。

也许是异性相吸的天性使然，我现在的先生比我父亲和前任丈夫，更加热爱批评。我每天都能听到他批评政治、批判社会、责怪某个愚蠢的人，如果能听到他的赞扬，那简直就是惊喜。

然而，因为理解了性格天性，我知道正是因为他的极端

理性思考天赋，才让他能够在极复杂的工程领域成为技术精英。我能够理解而且欣赏他的理性智慧，而且，当我理解了从他嘴里得到赞美是多么难得，他的赞美就会更加让我欣喜和珍惜。

我不会再像小时候和年轻的时候那样，因为理性型的家人的某个批评而感觉不被爱。理解了性格差异，和自己完全不同个性的人生活就不再痛苦。我深切体会到，只要你能够理解、接纳和欣赏彼此的不同，性格差异不是夫妻之间的障碍。

第四节
当理性型的家长遇上情感型的孩子

如前面我讲到的我和父亲的例子，很多情感型的孩子会把父母对他做的某件事的批评看成对他本人的否定，甚至会感觉父母不爱他。

很多思考型父母会习惯强调"我批评你是为你好"。这在他们看来是很简单、易懂的道理，但对于情感型的孩子来说，这是无法相信的，因为被批评就难过是他们的天性，他们无法在因难过而哭泣的时候，能感觉到你对他的好。尽管，思考型家长的每一次批评都会对孩子日后纠正某个错误有帮助，但代价是，无论男女，经常被批评的孩子都会缺乏自信，而自信是让潜能充分发挥的前提，其作用远远超过某一个批评指导。

情感型的孩子天性敏感，比其他孩子更渴望被爱，特别是受到挫折的时候，他们更需要鼓励和关爱。

俗话说："好孩子是夸出来的"，其实这句话多半是对情感型的孩子而言的。理性型的孩子容易理解父母对事不对人的批评，而情感型的孩子无法将人和事分开，对他们的批评需要间接委婉，因为他们敏感自省的天性，不用别人直接批评，他们都会自觉并自我修正的。对于情感型孩子，爱和赞扬才是对他们最好的激励。

第五节
测一测：你是理性型还是情感型

• 你更注重原则，如真理和正义（T），还是价值，如关系与和谐（F）？

• 你经常容易批评人（T），还是容易表扬人（F）？

• 看到街头流浪汉，你不会同情他们，认为他们应该用劳动支持生存而不是乞讨（T），还是会同情他们，不假思索地给他们钱（F）？

第三章 打工 VS 创业：我怎么做决定

- 当你的父母、老师或老板因为你做错了某件事而批评你时，你会因为他们真诚为你好而心怀感激（S），还是会认为他们不喜欢或不理解你而难过（F）？

- 开会的时候，当你不同意多数人的意见时，会提出反对意见（T），还是保持沉默以避免冲突（F）？

- 比较而言，你更喜欢逻辑缜密的侦探电影（T），还是轻松的家庭情感片（F）？

- 你会经常站在局外看待某个情形（T），还是把自己放进情景之中来看待某个情形（F）？

- 当一个朋友向你诉苦，你会站在中立的局外人的立场

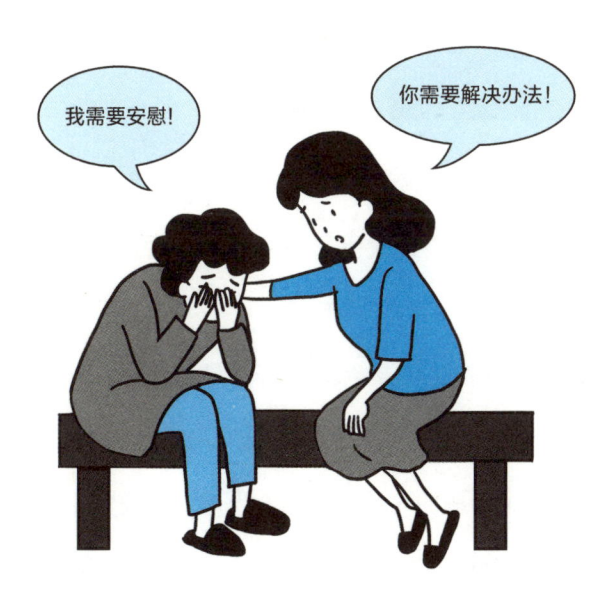

051

来指出他的问题，以帮助他更客观地看待情况（T）；还是会站在他的立场上，用他想听的话同情并安慰他（F）？

·假设你被解雇了，你是否会坦然接受这一事实，并迅速寻找新的工作（T），还是会感到羞愧，难受，需要很长的时间来调整受挫的心情（F）？

情感型的人更难从工作挫折中恢复。

·在工作中沟通，你更喜欢简明扼要，直接点明主题和目标（T），还是更喜欢用友好的开场，活跃氛围后再进入主题（F）？

·和伴侣交流，你是否经常将信息和情感分开，撇开情感讲理（T），还是会习惯从话语中寻找情感的含义，如当对方指出某个问题的时候，你会觉得对方不爱你（F）？

·你更习惯长远客观的视野（T），还是即兴的主观的角度（F）？

· 假设你非常喜欢你的工作，因为它非常适合你的技能和未来的职业规化，但是你的老板很挑剔，很难取悦，你会为职业发展留下（T），还是会因为和老板的关系别扭而主动辞职（F）？

第四章
Chapter 4

审判 VS 感化：我如何应对未知

第四章 审判 VS 感化：我如何应对未知

第一节
不要给我"贴标签"

相比于之前提到的三个维度，即外向（E）和内向（I）、实感（S）和直觉（N）、理性（T）和情感（F），本章要介绍的判定（J-Judging）和认知（P-Perceiving）维度较少被单独讨论。实际上，判定—认知维度在荣格的原始心理类型理论中是不存在的，是在MBTI理论发展的过程中为了实现对人格的更好分类而添加的。它们所体现的人格内涵往往与前三个维度的内容部分重合，如判定型中包含了实感和思考的因素，认知型中包含了直觉和感知的因素。

在很多场合中，人们将判定—认知维度与实感—直觉维度混淆，但实际上它们描述的是不同方面的人格偏向。判定和认知是一个人对外界因素做出响应的偏好。判定型的人倾向于封闭、控制、断定；认知型的人则相反，他们开放、留有余地，两者之间关键的不同是"封闭"和"开放"。

当外界输入某个信息，判定型的人必须确定那是什么才能安心，比如，睡觉时被某个意外声音吵醒，必须起来确

判定型人格

认知型人格

定怎么回事；开会必须按照计划达成结果才会满意；东西摆放必须整齐有序；因为担心迟到导致不可控的局面，他们往往比较守时；听一个人说话时，他们也总要从中得出什么结论。判定型的人内心需要"封闭"以便能"掌控"。认知型的人恰恰相反，他们"开放"而"留有余地"，以便有更多的机会获得不同的认知。因此认知型的人不爱下结论，生活缺少原则和计划，表现得很随和、随意，常常不拘小节，不怕凌乱。迟到赶场、开会跑题都是他们的常见表现，因为他们的内在需求是开放的。

第二节
人物肖像：判定型 VS. 认知型

判定型（J）：喜欢判定、锁定和掌控

· 喜欢井然有序的生活风格，擅长分类收纳，厌恶杂乱无章

· 喜欢有条不紊、按既定计划做事

· 对于任何情形，只有在完全确定后才会安心

· 注重准时，按最坏的情形做充分的准备

· 喜欢归纳总结下结论，思想容易封闭

判定型的人更容易成为自律的人。

认知型（P）：喜欢探索、开放和随机应变

- 喜欢随意灵活的生活风格

- 习惯随意乱放不重要的东西

- 喜欢即兴的"随风飘游"

- 不擅长按计划做事，擅于随机应变

- 任何情形都喜欢保留更多选择余地

- 经常在最后一刻匆忙赶场，容易迟到

- 不喜欢下结论，思想开放

认知型的人不擅长遵守规矩。

第三节
对象是"邋遢大王"？小心你的"归类"强迫症

爱整洁的妻子总在不停地抱怨丈夫像个长不大的孩子，总需要人跟在屁股后面收拾。每一次出行，她都要不停地催他，他的拖延、无序总是让她紧张、担心得不行。而他却不急不慌地磨蹭，半路上又突然打电话让妻子赶快把他落下的文件夹送去……

卫生习惯的矛盾背后，可能有着更深层次的人格因素。

这样的情景我想很多人都不陌生，因为往往每一个家里，都是一个判定型和一个认知型的互补组合。因为，正是本能的需要和互补，才让夫妻结合起来。而这种性格矛盾，如果不能被认知，很容易从小小的闹剧开始，逐渐发展成夫妻无法共处的障碍。

然而，如果能彼此理解，就会像实感型和直觉型一样和谐共处，判定型和认知型原本是一对非常互补的性格：擅于计划和管理的判定型，能够规避各种意外；而擅于随机应变的认知型，总能在某个意外的场合及时补救，转危为安。

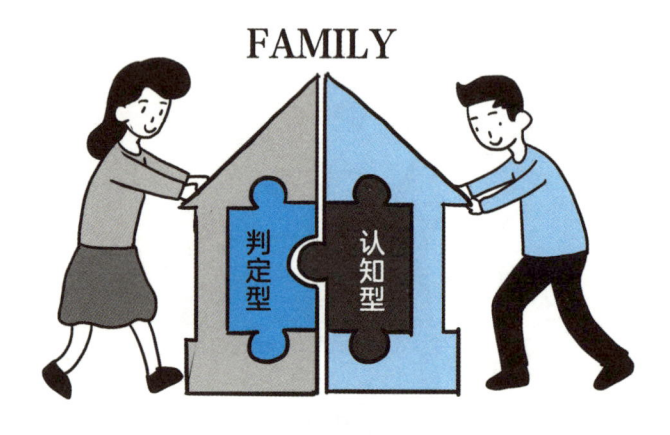

每一个天性的缺点同时也是优点。因为判定型的人不擅长应对突发事件，所以他会有小心和认真计划的习惯和能力；因为认知型的人容易随遇而安，擅长应急，所以他遇到

第四章 审判 VS 感化：我如何应对未知

危机总能化险为夷。生活中总有需要这两类天赋和技能的时候，所以判定型和认知型搭配的夫妻若能理解彼此的天性需求，就是一对可以互相依靠的好搭档。

第四节
扬长避短，寻找判定型和认知型孩子的不同天赋

判定型的孩子容易让中国式家庭中的家长省心，因为他们爱整洁、守时、仔细，能够较好地管理自己的事务。他们喜欢随时随地收纳整理自己的东西，玩完了会把喜爱的玩具放回原来的地方，很少丢东西。他们的衣柜、书包、书桌通常都很整洁，放置有规律，需要什么东西很快便能找到。正因为如此，他不喜欢乱放东西的人，没经过他允许就随便挪动他的东西会让他不高兴。他们还会很珍惜自己心爱的东西，比如，一本书的书皮翘起来了，他会马上压平；不小心撕破了一个书页的小角，他会仔细地将掉下来的小角粘起来。

在交友方面，判定型的孩子对家长和朋友约定好的时间很重视，很少迟到；同样，如果别人迟到，他会很不高兴，因为他们不理解为什么可以这样。

在学习方面，判定型的孩子更是无须家长操心。无论是家长给的任务，还是老师布置的作业，他们一般都会提前完成，才会去玩。如果当天没有完成作业，他们宁可熬夜做完也不愿留到第二天早晨，否则就睡不好。

当然，判定型孩子在某些方面会显得难以变通，他不喜欢别人临时告知他要做什么事情，讨厌"意外"，常会因此感觉被动而不舒服。判定型的孩子容易对别人的某些言行加以主观的判断，对某个人一旦形成某种成见，不容易改变，他们爱说："这种人就是这样的！"

认知型的孩子几乎就是判定型家长的"噩梦"。他们丢三落四，乱放东西，经常匆匆忙忙找东找西。但是，由于他们这种不拘小节的天性，他们丢了东西也不会太心疼。

要让认知型的孩子养成守时的习惯更加困难，他们上学经常迟到，因为出门前还在忙东忙西，快要来不及时才慌张赶路。

在学习时，认知型的孩子也显得没有规划，做事情很即兴，经常冒出一些计划外的想法，往往因此延误作业。不过，他们似乎总能在最后一刻，化险为夷。他们在学习中善于宏观理解，不太注重细节，因此在作业和考试中经常犯一些粗心大意的错误。

认知型的孩子更"像"一个孩子。他们喜欢突发奇想，经常冒出一些新主意而改变原定计划；他们会遇到问题，但不容易沮丧，而且常常因为问题所带来的新的体验而欣然。他们更能接受世界的多样性，对他人与自己的差异往往能很开明地去理解和接受，容易聆听和接纳不同的意见。

第五节
测一测：你是判定型还是认知型

• 你更喜欢井然有序的生活风格（J），还是随意灵活的生活风格（P）？

• 你的冰箱、手提袋里的东西总是井然有序地摆放（J），还是随意乱放（P）？

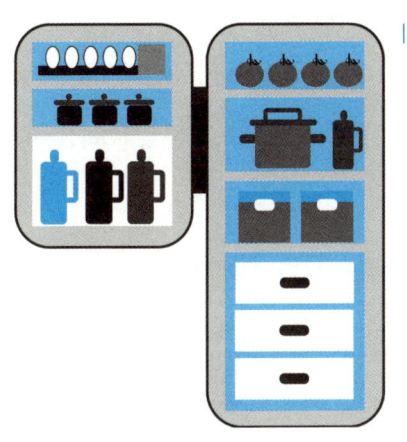

猜猜这是谁的冰箱？

• 你的笔记本是否都认真按顺序整洁记录，每一页都有日期和标签，很快能查找到过去的事件（J），还是随意记录，甚至经常信手涂鸦（P）？

- 你更喜欢安定的生活，为生活安定而固守不特别喜欢的工作（J），还是更喜欢为探索而频繁换工作（P）？

- 你更喜欢定义顺序和结构（J），还是喜欢"随风漂游"（P）？

- 休假时，你会制订完美的旅行计划，按行程表行动（J），还是更喜欢灵活、即兴地改变行程（P）？

- 你会早早赶往机场，确保不会错过航班（J），还是经常在登机时才匆匆赶到登机口（P）？

- 你习惯用日历来制订每月、每周、每日的计划，设置闹钟来提醒自己，以确保如期完成任务，每个约会总是守时（J），还是很少计划，经常忘记约会时间，匆匆赶场和迟到（P）？

- 假设你被解雇，有三个月带薪的过渡期，你会不会因为有这么多的空闲时间没有事做而感到焦虑，从而抓紧时间尽快找到下一份工作（J），还是会很享受这过渡期，因为相信总会有更好的工作出现（P）？

- 和伴侣相处，你更需要安全和稳定的关系（J），还是希望你们的关系中不断有变化和新意（P）？

- 点餐的时候，你是否会很快根据自己喜爱的口味决定要点什么（J），还是经常在点菜前花时间向服务员问很多问题，尝试新品（P）？

•夜里你被一个噪声吵醒，很快噪声消失了，你是会起来找出原因才能再安睡（J），还是不会追究，接着睡去（P）？

•你一般会先把工作或作业完成好再玩（J），还是会尽可能在工作之余偷闲娱乐（P）？

•开会时，你希望大家的想法集中到达成结论上，不喜欢跑题（J），还是不介意会议跑题，喜欢得到新思路和新主意（P）？

•购物的时候，你会按照明确想要的东西直奔目标

（J），还是会不断猎奇，买一堆计划外的东西（P）？

> 又不小心买了一堆不需要得"心仪"产品。

•做某个项目，你更喜欢最后完成的结果（J），还是更喜欢享受过程（P）？

•任何一件事情，你都会惦记着提前完成、如期交付（J），还是希望留有余地，以便必要时在最后一刻还可以改变（P）。

•与人沟通，你更喜欢目标导向，达成某个结论（J），还是更喜欢探讨各种可能和更多选择（P）？

•如果你被指派为小组项目负责人，你会对每个人设定明确期望，并严格检查每个人的进度（J），还是会给大家一个总体目标和方向，鼓励每个人发挥自己所长感，给你惊喜（P）？

　　•总的来说，你认为自己是一个意志坚定的人（J），还是一个灵活随和的人（P）？

第五章
Chapter 5

划定舒适圈：什么是可以改变和不能改变的

第五章 划定舒适圈：什么是可以改变和不能改变的

第一节
易变的"性格"和不变的"天性"

性格类型分类最细致、最全面的当属MBTI理论。它将人分为了十六种类型，虽然更加细致和准确，但对一般人来说，这也导致他们更难记住每一类的全部特征。想想看吧，能够理解十二星座的全部性格特征的人也不多呢！不过，相比于互相分散的十二星座，MBTI的十六种性格有着理论上的共性，即组成十六类型的八个基本元素。我们只需要牢记每一个元素的原始定义，将原始定义在具体的生活情景中拓展，如此，每一类性格就自然明了了！

同时，MBTI所测试的性格类型为"天性"，即那些内在的、有规律可循的本性。因此，相比于随着环境不同而经常变化的分析，深层的气质和原始的本能天性是不容易改变的，也是更值得理解、记忆的。

将每一对二分的元素，想象成一个人的左脑右脑、左手右手，每个人都会随机地偏好左手或右手、更依赖用左脑或右脑，所以也很少有人的性格是不偏不倚，绝对中立的。

注意事项：

1. 以上的这些性格类型元素的亮点，都是刻意两极分化的，以便对照差异。现实生活中很少有人是极端的（比如极端理性和极端感性），每个人往往会在不同的场合表现出不同的特质。然而，因为这些特质都脱胎于相对固定的人格，所以当你汇总足够的生活情境，总会发现自己的自然倾向。

就像苹果核总会长成苹果树，"天性"也是"性格"发展的根基。但不同的苹果核长成的苹果树也有所差异。

如果你在某个性格元素中看不出自己明显的偏好，就不断按照定义拓展更多的生活情境。我在课堂上便是如此启发学员思路的：自创问卷，直到大家都找到总体的偏好为止。

第五章 划定舒适圈：什么是可以改变和不能改变的

这也是现场交互测试总比MBTI标准问卷测试简单却更精准的原因。

2. 因为性格是随机变化的，只有本能的、天性驱使的"自然偏好"是不易变和有规律的。理解MBTI十六种性格类型测试的是"自然偏好"，也就是本能的天性，这是很关键的。

3. 在童年和老年阶段，一个人的天性暴露得会更加明显，因此当你难以判定某些情形的偏好时，尽可能回忆童年的情形，这样更容易发现原本的天性。这些天性在青年和中年时期会随着环境的需求而被改变，但到不惑之年以后，本能的天性会回归。记住这一点，对准确地评估自己的性格天性很重要。理解什么是本能的自然偏好，有一个很好的体验方式：在一个空白处，用自己习惯的右手或左手签上自己的名字，然后再用不习惯的手在旁边签名对比，例如：

左边是我习惯的右手签名，右边是不习惯的左手签名。在签名的过程中，你会体验到用自己的惯用手，会很自如、顺畅和舒服；而用另一只手，即使练习多遍，也总会感觉很别扭。性格天性就好像我们的左右脑和左右手，总会有本能的偏向。例如，一个天性内向的人，尽管通过反复练习，可以在公众场合做漂亮的演讲，但比起外向的人，他们总会更容易感到压力、不自然和不舒服。

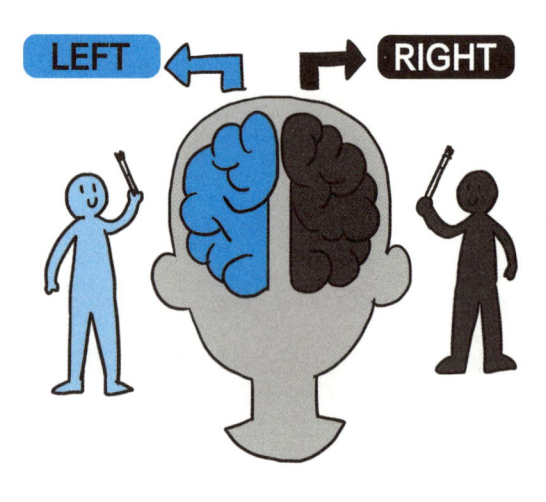

先天因素和后天环境的影响形成的复杂相互作用导致很多人都会在不同的场合下呈现出不同的性格，因此，将性格类型固定在某一类，某种场合就会感觉不对。这种双重甚至多重性，体现在二分法的心理性格类型测试中，就表现为对某一对性格元素没有倾向，很难确定哪一类型是自然偏好的。

第五章 划定舒适圈：什么是可以改变和不能改变的

比如，当你的内向和外向倾向很均衡的时候，遇到内向的人，你就会显得更外向；当遇到外向的人，你就会显得更内向。

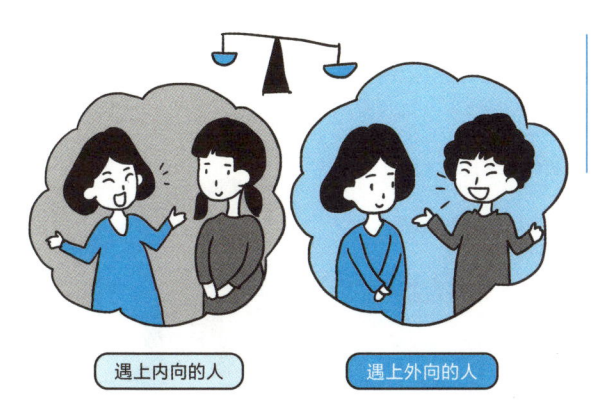

内向和外向倾向均衡的人在社交中容易根据他人的表现调整自己的表现。

遇上内向的人　　遇上外向的人

在我的测试实践中，除非有很明显倾向，通常我会建议每个人都找到两类并存的性格类型，而不是牵强于一类。即，将一对左右最为均衡的性格特征元素，分别和其他三个明显倾向性的元素组成两类性格类型。对这两类性格特征进行认知，以便在生活中理解自己的双重性格如何在不同的环境中本能地转换的。

第二节
后天教育对于实感型和直觉型偏向的影响

对于实感型的人来说，他们对于现实和实在的事情的感知能力是天生的。当下的直接感受、过去的记忆，对于他们的重要性要超过对于未知的想象和"梦想"。他们天生注意力集中，因此往往表现出记忆力强、方向感好、容易记路等特质，很容易觉察到周围环境中某个细节的变化。

他们擅长动手操作，从小就更喜欢动手组装玩具。这些先天因素，让他们后天表现出务实和脚踏实地的风格。然而，当他们置身于某个需要想象力的学习或工作环境中时，他们会很迷茫。

第五章 划定舒适圈：什么是可以改变和不能改变的

人格偏向在小时候就已出现，容易在教育中得到进一步的发展。正如小时候喜欢组装玩具的孩子，长大后更容易成为工程师。

某些很好的工程技术人才，当需要管理复杂的人际关系的时候，往往纠结于微观细节，事无巨细、注重规程、按部就班，很难激励有创造力的人，容易变成"只见树木不见森林"的领导。

未成熟的孩子、学生和初级员工，如果在特别实感型的家长、老师和领导的教导中成长，都会被培养出一些实感特征。

但如果他们天性是明显的直觉型，这些改变会在他们内心形成不同程度的精神压力，要么青春叛逆，要么三十而立后会不满足现状而寻求改变，否则会总觉得无法实现不被人理解的种种梦想而遗憾终生。

叛逆不一定出现在青春期，中年人的叛逆中多埋藏着"天性"反扑的种子。

大家不理解我！

对于直觉型的人来说，那些无形的精神世界具有更强的吸引力。因此，他们对当下、现实的和过去、有形的记忆，总不如对未知的未来那么着迷。这种不拘一格，善于想象的天性，让他们很富有创造力，更具有体验未知的冒险精神。

同时，这种先天偏好也让他们不擅长细节，更注重宏观。偏执的直觉型，往往表现出不能脚踏实地，经常务虚的特征。这类素质的人，很难在需要注意细节技术或规章制度严格的岗位上踏实做事。再若遇到实感型领导，他们就更会觉得被压制，总会觉得自己更有远见，比自己的领导更适合做领导。

未成熟的孩子、学生和初级员工，如果在直觉型的家

第五章 划定舒适圈：什么是可以改变和不能改变的

教导者的人格偏向会在教育过程中影响孩子、学生和初级员工。

长、老师和领导的监护、培育和影响下成长，会被培养出一些直觉潜能。然而如果他们天性更偏向实感，在成熟和自立以后，实感的偏好会逐渐展露出来，更注重当下和现实，在具体规范化的环境中会更有安全感。

第三节
后天教育对于理性型和情感型偏向的影响

一般人先天左右脑发育不会完全平衡，左脑发达的人会表现出更强的理性，右脑发达的人会表现出更多的感性。

然而，正如一个习惯右手写字的人，如果右手受伤而长时间不能使用，经过锻炼，他也能够熟练地用左手写字。性格也是如此，天生更多感性的人，如果在非常理性的家长监护下长大，或者在大学中经过很理性的科学培养，或者长期在非常理性的工作环境中锻炼，都会发展出较强的理性能力。

不是所有的科学家都是理性型。

第五章 划定舒适圈：什么是可以改变和不能改变的

然而，他们在这些过程中并不会很舒服，往往会感到压力。在成熟独立以后，他们会很寻找让自己更舒适的感性世界，甚至改变人生轨迹，找机会释放出更大的感性天赋。他们在文学、艺术和人际关系中表现出更自在、更突出的天赋。

> 成熟独立后，人们会寻找更加适合自己天性的活动，正像这位科学家陶醉于音乐和绘画之中。

同样，一个天性理性的人，若长期在感性主导的家庭和工作环境中，会被培养出一些感性天赋，但他们的理性本能永远会主导他们，让他们无可避免地用理性去理解一切，他们的感性也总会被理性限制在自己能够理解的范围内。

第四节
后天教育对于判定型和认知型偏向的影响

判定型和认知型的偏好和倾向是天生的，从孩子时期就能看出。判定型的孩子只有在有规律的作息环境中才踏实。日常任何一个突发的变化，都会让他们非常不安。父母对他们的任何承诺都需要很认真，某个承诺不兑现，他们就会非常难受。而认知型的孩子则相反，他们喜欢变化，喜欢惊喜，不变的环境和游戏都会让他们很快厌倦。父母说什么他们也不会太认真，对什么突发的变化都能冷静对待。

判定型孩子　　认知型孩子

"近朱者赤"，从小在判定型家长监护下长大的孩子，

第五章 划定舒适圈：什么是可以改变和不能改变的

或是在判定型老师和领导长期管理下的学生和员工，都会被培养出判定型的品质，如整洁、有规律、有计划的习惯；反之亦然，从小在认知型家长监护下的孩子，会习惯自由、随意的生活风格，习惯突发的变化。然而，天性不会消失，随着年龄的增长，他们总能找回天性的自然倾向，正如被捆绑的树枝，一旦释放，就会重新向着树的原始自由形态伸展。

外界的束缚可以暂时改变认知型孩子的散漫，但最终这种天性还是会在外界压力消失后卷土重来。

第六章
Chapter 6

接受自我才能发展自我

第一节
我属于MBTI十六类中的哪一类

总结MBTI分析中的八个基本性格元素，依次是：

•能量来源：内向型（I）和外向型（E）

•接受信息方式：实感型（S）和直觉型（N）

•做决定的方式：理性型（T）和情感型（F）

•生活风格：判定型（J）和认知型（P）

由这四对性格特征顺序组合，变得出现代人比较熟悉的MBTI十六类性格类型：

ISTJ	ESTJ	INTJ	ENTJ
ISFJ	ESFJ	INFJ	ENFJ
ISTP	ESTP	INTP	ENTP
ISFP	ESFP	INFP	ENFP

和荣格的八维人格分类学说相比，MBTI16类性格模型，尽管更加细致精密，但实际上，由于P和J的特质很多都已经包含在荣格的四个心理功能中，如果不理解这个历史演

变过程，在解读问卷时就很容易混淆维度的问题。对于同样的生活情景问题，有人会觉得是针对S和N的，有人则会觉得是关于J和P的。因为很多J和P的性格特征，与S和N两类心理功能有很多关联性。

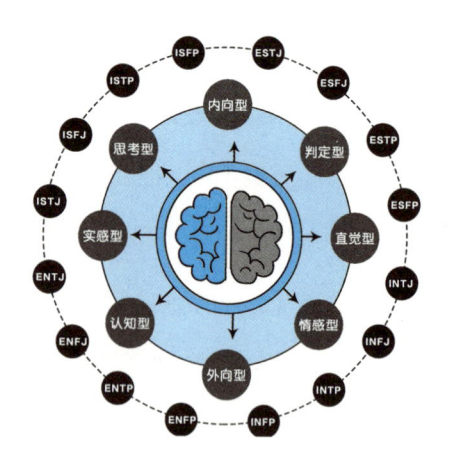

和掌握八字命理中的最基本的天干地支原意和五行规则一样，只要你深入理解了荣格《心理类型》的基本原理，即两类基础性格类型和四种心理功能的原始含义，就容易把握更细化的MBTI十六类性格类型的精髓。用自己最熟悉的生活情境行为习惯，在日常观察中积累更适合自我认知的个性化问卷，全面深入自我剖析，就会比用MBTI的笼统标准问卷测试的结果更精准。

希望在进入性格测试之前，务必理解这个要点。

第二节
不被测试结果限制：不同的字母组合代表了什么

气质是人们都很熟悉的概念，人们见过某个人一面，就可以断言他的"气质"如何，因为它是易变的性格中核心而不容易改变的那些天性。

如果把性格比作各种不同的树，那气质就是树的种子。在不同环境中，松树和橡树会变成不同的外貌，但无论怎么变，松树的种子还是会长成松树，不会变成橡树。

因此，严格地说，凡是能够抽象出普遍的规律的个体，都能找到对座入号的"类型"所以，在性格类型测试和分析中，我喜欢强调测试的是性格"天性"。

四类气质类型是比荣格的心理类型更为原始和古老的模型。古人按照人的四种体液对应四种气质，就是我们都熟悉的粘液型、多血型、胆汁型和抑郁型。这样的气质类型分类延续了近十七个世纪。

从远古开始，星相师们就把十二星座归类分为四大元素：风、水、土、火，当你记住这四类的主要特质，就很容易掌握更细化的十二星座的特征。古代星相学体系直到现在仍然盛行，最精准不变的就在于其核心的四大元素规律所具有的最原始、最简单因而最普遍的共性。

大概是受先哲的启发，刚巧在荣格出版《心理类型》的同年——1921年出生的美国心理学教授大卫·凯尔西（David Keirsey），在荣格和MBTI性格分析理论基础上，推出了一个"返祖"气质类型学说的最原始、简单的分类方法。凯尔西将过于复杂的MBTI十六类性格类型的核心提炼了出来。更巧妙的是，他没有直接用荣格的四种心理功能作为四类气质类型，因为在荣格的心理类型原理中，这四类功能受制于内向和外向两类一般态度类型，并非独立的行为表象。凯尔西仿照古人将十二星座归类为四大元素元素那样，将以行为表象分类的MBTI十六类性格类型，合并为四类具有共性的气质类型：SJ，SP，NT，NF。归纳如下：

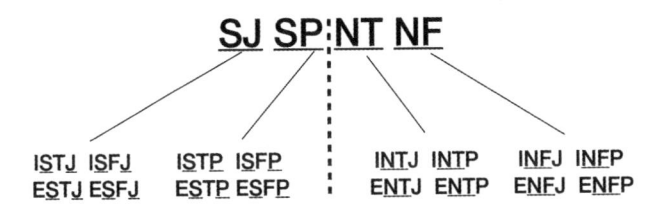

```
    SJ    SP  :  NT    NF
   / \   / \  :  / \   / \
ISTJ ISFJ ISTP ISFP  INTJ INTP  INFJ INFP
ESTJ ESFJ ESTP ESFP  ENTJ ENTP  ENFJ ENFP
```

如此和前面荣格的八维人格分类学说对照就发现，凯尔西的方法兼顾了荣格心理类型原理的清晰简洁和MBTI的精细分类，因而以其简洁有序使凯尔西气质分类问卷（KTS-Keirsey Temperament Sorter）一举成为有史以来最容易应用的性格分析方法。他的著作《请理解我》甚至超过了MBTI创始人伊莎贝尔的《天资差异》。直到现在，KTS和MBTI这两个从荣格心理类型理论演变出的两路成功商业化模型，仍都是国际大公司并用的系统。

我非常喜欢凯尔西的气质类型分类，因为极简而容易记住，其测量的也是不易改变而容易定位的气质。在我的性格分析实践中，我用它来有效地校验和纠正MBTI十六类型格类型测试的结果。将这十六类性格分成四种气质组，就如十二星座中的四大元素那样，将复杂的十二星座组合成具有共性的四组，从而更直观、简洁、明了，容易记忆和区别。我女儿几乎能熟背十二星座的每一种特征，我经常为她超凡的记忆感到惊讶。后来发现她原来是有窍门的，她记熟了简单直观的四大元素的特征，就从这个共性出发，自然而然地记住了每一个元素共性类别里细分的四类星座的细节差异。

小结一下我改良的完整性格测试方法：

1. 将荣格的《心理类型》、细化的MBTI十六类型性格结构，以及凯尔西的四类气质分类这三大经典原理和方法，有机地结合起来，掌握最具共性的真理，一通百通。

2. 按照荣格的心理类型定义，和MBTI的元素定义，用自己最熟悉、最明确的生活情境中的自然倾向，随机自创问卷，累计到面面俱到时，拿来自测。如此可以规避通用机械问卷中的误差，容易找准MBTI十六类性格类型中最适合自己的四个特征元素。

3. 找出四对元素中某个左右倾向最为均衡的一对元素，与其他三对倾向明显的三个元素组成两类或"双重"性格类型，日常关注不同环境中两类性格的切换，把握性格变化的规律。

4. 再用凯尔西四种气质类型的基本特征，校验和矫正自测的性格类型。

5. 不断在日常生活中关注不同的生活情境，继续校验和矫正，直到非常明确。

6. 不断累积各种生活情境，创建具有普遍性的测试问卷，随机为家人朋友测试。通过不断地生活实践，熟练掌握这个分析方法，养成默默"观测"的习惯。此外，为了快速实效性，我从很多经典书籍，包括《请理解我》《天资差异》和我非常喜爱的 *Life Type* 中，认真对比、归纳、总结了最具共识的十六类性格类型和四种气质类型的经典描述，将人生几大阶段的性格倾向，简明扼要地描述出来，读者可以在全书第八、第九章找到自己的性格类型后，阅读核对。

同时，我还将自己实践中积累的很好用的各种生活情境问卷，在后面分享给大家。初学者可以参考这些问题，在充分理解原意的基础上，不断补充改进成自己不需要死记硬背便能记住的个性化问卷。不断扩充生活情境，生活面越宽，测试结果越准确。不要担心一开始自创的问卷比较局限，只要你不断观察，不停地为身边的朋友测试，你积累的题目就会越来越丰富。

一旦掌握这种分析方法，你就获得一个神奇的心理魔镜，随时让某个你感兴趣的人、任何复杂的心理活动在你面前都会变得透明。你会惊喜地发现，认知自己、理解他人，并不是困难的事！因为先哲们早已为我们铺好了路，只需找对路标就好了。

第三节
难以摘下的"社交面具"

总的来说，天性在无拘无束的小孩子和成熟定型的成年人的行为上表现会比较明显。而对于成长过程中的青年人，特别是受偏执和较为极端的家长、老师、领导影响的不成熟青年来说，天性往往被压抑甚至扭曲，如常见的叛逆期青少年，测试结果往往并不稳定。

如果从事了并不顺应天性的职业，也会很大程度影响当前的测试结果，因为会把养成的习惯误以为是自然"偏好"。在测试时，牢记自然、本能的"偏好"很重要。如果不能明显断定某个偏好，就努力回忆自己在自由状态，如小时候的表现。越是那些不经意的小事，越容易体现天性。比如：当有客人要来的时候，无论什么人都会把家收拾的很整洁，这不一定就代表天性中存在喜欢整洁的偏好；在完全没有外人影响的时候，仍本能地习惯整洁，这才是判断自己更倾向判定型的一个有效的情境。

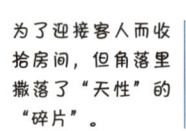

为了迎接客人而收拾房间，但角落里撒落了"天性"的"碎片"。

很多年轻人做标准化量表，经常测不准，就是因为回答问题的时候，往往分不清是有条件的偏好，还是无条件的偏好，是后天养成的习惯，还是先天的自然倾向。

另外一个测试原则，一定要了解四对心理性格类型特征的原始定义，不要拘泥于问题表面。只有记住原理，才能把握现象的内在意义。比如，内向和外向，不是爱说话的人就是外向，不爱说话的人就是内向。关键在于"能量来源"是"内部"还是"外部"。内向的人的能量来自"内部"，外向的人的能量来自"外部"；一个内向的人遇到知己也会滔滔不绝，因为他能从和深入理解自己的朋友的聊天和被认同中充实自己。与很多人在一起闲聊，内向的人才会"透支"。

理想的我往往是某种被压制的天赋未能发挥的某种情境下的我。如：感性的人在理性的工作环境中会梦想摆脱当前的工作去从事自己喜爱却从未做过的心理学家。理想的境界还经常是脱离生活条件限制的情境。如：经济条件限制了很多有艺术天赋的人不得不从事不太擅长但经过培训和努力也能应付的现实工作。只有在达成经济无忧的条件后，才有条件去追逐理想。

现实与理想总有偏差。理想中的我，更能释放自己的"天性"。

理想的我，是尚未实现的我，总是和现实的我有很大的差异；越年轻，这个差距就越大。随着自我认知不断完善，"理想的我"和"现实的我"的差距就会逐渐缩小，幸福指数也就逐渐提升。一个人的幸福，不在于你得到多少，更不在于你在别人眼里多么成功，而在于和自己理想的距离有多远。自我认知让人们能够充分了解自己的天性，尽早地创造条件，按着自己天赋指引，扬长避短地实现自我，是尽早达成理想自我的关键。

在闹中求静而不受干扰，正是由于了解并接纳了自己的天性。

测试结果从来不是一成不变的，因为据统计，一个人的性格中有40%是由环境决定的。所谓"习惯成自然"。任何一种性格测试都有一定的局限。只有掌握了心理性格原理，在人生不同阶段，不同场合经常观察，不断调整对自己的全面认知，性格分析才有意义。

人们习惯选择性接受自己喜欢的性格，不愿意接受自己不喜欢的倾向，这种本能的心理，也会对性格测试造成一些主观的影响。性格分析的意义在于帮助自己理解每一个生活

第六章 接受自我才能发展自我

问题，知己知彼，让生活和人际关系变得清澈无疑。拥有豁达的心态，是获得幸福人生的关键。

各种人格本身并没有好坏差异。接受自己的性格，不去想"我应该是怎样"，才是获得内心平静的关键。

第七章
Chapter 7

在舒适圈中生活：
性格分析如何影响就业

第七章 在舒适圈中生活：性格分析如何影响就业

俗话说，"女怕嫁错郎，男怕入错行"。其实，现代社会，无论男女，入错行都是减少幸福感的巨大隐患。因为物质和经济独立是幸福的基础。现代人大多先工作再成家，每个人的从容自信，首先是从工作中找到的。无论男女，在工作上屡遭挫败的人，通常难以在家庭关系中找到不折不扣的满足和幸福。

当代社会，"入错行"依然是幸福感低的一个重要因素。

其实，我之所以会对性格分析充满兴趣，热心于大学生的性格分析和职业规划，是因为自己的亲身经历。我高中毕业的时候，因为心理不成熟，加上父亲极端的J型性格的强势，在选择大学和专业方向的时候，虽然我梦想成为一名建筑造型师，但因为分数不够高，按照父亲的要求，即使无法自由挑选专业，也要坚持进入名声显赫的清华大学，结果被分配到汽车工程系。

我曾经期望降低期望地去学习汽车的艺术造型，满足从小对绘画的艺术爱好，结果在选择专业的时候才知道，只有发动机和底盘两个专业。仿佛是当头一棒，我懵懵懂懂地开始了长达11年的理工科学生生活。没有人相信我之所以能一口气读到博士，不是因为热爱这个专业，而是因为害怕毕业后被分配到汽车厂当工程师。

因为我深知，大学流传的理工科女生"高分低能"的情形，就是指我这一类擅长理论和考试，却完全不擅长动手试验的人。每一次到工厂实习和在学校实验室做汽车拆装，我都无法独立完成任务。每一次面对一堆堆拼不起来的零件，我都难受地想哭。这种压力，让我在本科期间就患了神经衰弱和失眠症，曾几次打电话回家告诉父母想家、想退学，但都被父亲严厉阻击了回去。我坚持了11年博士毕业，仍然决然放弃汽车专业，到IBM做了销售，这才找到了比工程技术更擅长一些的职业方向。浪费了11年宝贵的高等教育和国家的巨大投资这让我时常内疚。

当我在北京的高校分享性格分析和职业规划的时候，引起了很多学生的共鸣，因为当时太多的学生在选择大学和专业的时候，都会受到名校和被公认有前途的专业指引，很少关注专业与性格天赋的匹配。因而经过很长的弯路，他们才会找回适合自己的轨道。

因为我的极端个性，首次通过MBTI测试，就找到了自己的性格类型。当我看到INFP——"不知疲倦追求理想"的标签时，恍然大悟，像吃了定心丸一样，从此才对我自己另类的人生感到安心。当我从《天生不同》一书里，看到INFP最理想的职业是人事和培训咨询师的时候，我才认识到，原来我为热衷于性格分析和大学生辅导的爱好，倔强地放弃当时高薪的外企高管工作，并非单纯的冲动狂热，而是回归天性需求的本能使然。我相信，如果我大学期间花11年时间学习心理学，我毕业后应该不会改行，一定会成为很专心、敬业的心理咨询师。

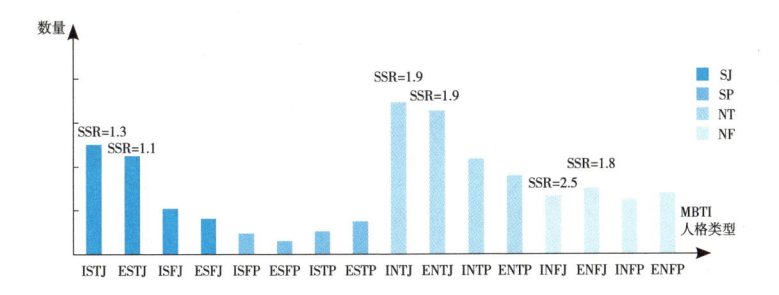

上图是工程专业的学生十六类人格分布统计，上面标识的SSR指标是区别这些分布中是学生按照自我兴趣选择的还是被动选择的，数字越高代表自己选择的比例越高。

可以看出，数量最多且大都是自愿选择的工程专业是NT气质组的四种类型，因为他们的核心价值是追求知识和技能。其中INTJ和ENTJ的比例最大，因为他们擅长系统性计划和掌控，这是工程领域很重要的素质。

工程专业学生中明显最少的是SP气质组，因为他们的核心需求是自由和发挥个人技艺，靠集体合作和系统化的工程领域对他们的自由、独行的天性限制很多。

> SP气质型的人在能发挥个人能力的岗位上比在只能进行系统化工作的岗位上更快乐。

第七章 在舒适圈中生活：性格分析如何影响就业

下面一组，是教育和咨询顾问领域的分布情况。

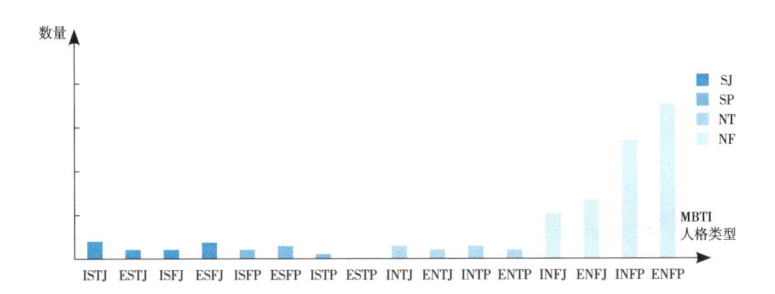

很显然，NF气质组的人数遥遥领先于其他三组。教育领域通常工作辛苦、收入比较低，只有这群理想主义，追求人生意义和人际关爱的人才会热衷。其中，"P"型（ENFP和INFP）的人数又多于"J"型（ENFJ和INFJ）。因为尽管教育有很多规矩，但只有思想开放、认知型的人，才更容易理解和接纳各种不同的人，成为因材施教的好导师。

> 面对气质性格多样的学生，认知型的老师比判定型的老师更能因材施教。

下面是财务领域学生的分布情况。

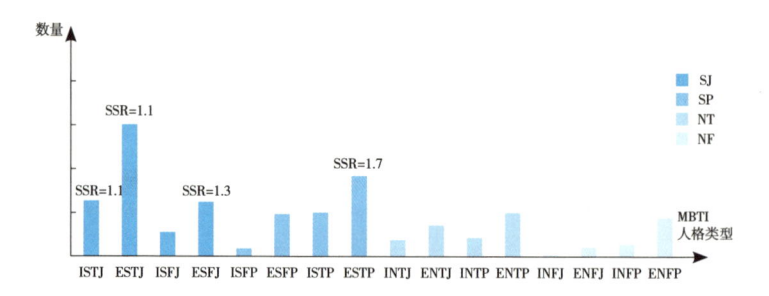

图表显示 MBTI 人格类型分布：
- ISTJ: SSR=1.1
- ESTJ: SSR=1.1
- ISFJ
- ESFJ: SSR=1.3
- ISFP
- ESFP
- ISTP
- ESTP: SSR=1.7
- INTJ
- ENTJ
- INTP
- ENTP
- INFJ
- ENFJ
- INFP
- ENFP

图例：SJ、SP、NT、NF

可以看到，共性为"S"的"SJ"和"SP"的气质组的人群更多，而共性是"N"的"NT"和"NF"的明显很少。这是因为财务领域里"细节"和"规程"非常重要，需要实感型"S"对细节和规程自然偏好的天赋。而这些规程对于追求新奇变化的"N"型人是很大的制约和压力。我们还会注

注重细节而又敢于冒险的ESTP通常是成功的投资者。

意到，数量最多的是ESTJ，因为金融财务行业通常是大型企业，擅长和人相处、并能按部就班、尽职尽责的就是这类外向型的"SJ"。第二多的是ESTP，因为金融行业是高风险、大回报的行业，这些喜欢冒险、追求高回报的ESTP，通常是金融领域成功的投资者。

下面我们再看一组喜欢在有层次结构的大公司工作的人群分布情况：

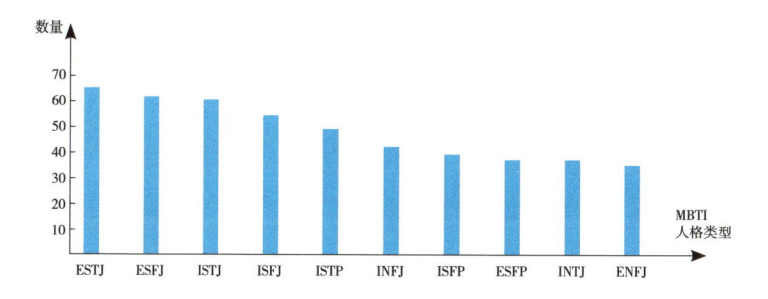

显然，最多的四类全部都是"SJ"气质组的人，因为他们的核心需求是归属感和责任，是一群为家庭、为企业尽职尽责，甘愿做螺丝钉，也能够担当各级管理责任的人。特别是在需要严格遵守规章制度的大企业里，这群负责任的"SJ"型人通常是公司的支柱。从这个统计还能看出，"NT"和"SP"型的人最少，因为他们喜欢变化和自由，不喜欢被限制在层次管理的大公司里。

> SJ型人的核心需求是归属感和责任，因此更能在需要严格遵守规章制度的岗位上承担责任。

不同性格的人在工作中获得的自我效能感是不同的，以领导效能的自我评估为例：人数最多的七类全部是外向型的。因为领导能力的关键是鼓舞人，对于不善言谈和害怕社交的内向型，即使可以作为技术型创业时期的领导者，但领导一定规模的大群体，对他们需要私密空间的核心需求是种很大的压力。

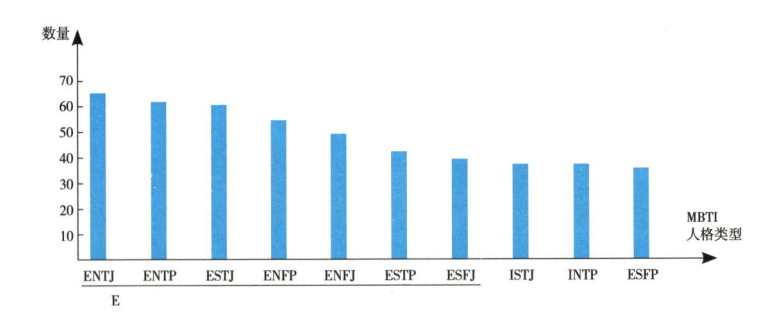

MBTI人格类型	数量
ENTJ	65
ENTP	62
ESTJ	60
ENFP	55
ENFJ	50
ESTP	43
ESFJ	40
ISTJ	38
INTP	38
ESFP	36

第七章 在舒适圈中生活：性格分析如何影响就业

看到这个统计，我顿时明白了为什么我不能在待遇极好的总经理位置上从容享受，而且为什么会从人们普遍羡慕的管理工作中感到难以承受的压力。本质上是我的INFP——内向、直觉、情感和感知的性格使然。

对于追求人生意义和人际关系和谐的NF理想主义者来说，每一次人际关系冲突都是一份压力，如果再是内向的，就更痛苦了。我很庆幸能够脱离管理岗位，这是让我能远离压力源、恢复健康心理的本能选择。

希望这些分析，能够帮助人们认识到有勇气做自己是很重要的。

第八章
Chapter 8

四组气质类型特征

工作和两性关系一样，不应该以大众的标准来选择什么是对的，而应该按照自己天性的指引，做适合自己的选择。不过，没有完美的"适合"，提升自我认知和理解他人的能力，从容接纳差异，是获得幸福的关键。

SJ——监护人、传统继承者

• 性格类型：ISFJ，ESFJ，ISTJ，ESTJ

• 气质特征：脚踏实地，忠诚负责，守时可靠，循规蹈矩，关心和支持他人，严守日程表做事，小心谨慎、不做错事，把握"应该""不应该"的原则

• 核心价值：传统，归属感和责任，人身安全和生活安稳

- 压力源：被遗弃，没有责任和所有权

- 压力下的反应：抱怨，疲倦，内疚，担心

- 减压措施：参与新的活动，找到新的组织，被认可和赞赏

SP——工匠、实感体验者

- 性格类型：ISFP，ESFP，ISTP，ESTP

•气质特征：需要自由，希望能够产生影响，崇尚美的自然和艺术，能量集中在各种技能表演，不断寻求变化和刺激

•核心价值：行动自由，活在当下，产生影响

•压力源：被限制，枯燥，平庸

•压力下的反应：叛逆，冒险，不顾后果

•减压措施：找到新的选择，投入新活动，开发自己独特的价值

NF——理想主义和情感培养者

•性格类型：INFP，ENFP，INFJ，ENFJ

•气质特征：寻找一切事物的意义和价值所在。高度的

道德水准，擅长与人合作和鼓舞他人。

・核心价值：意义，真诚，自我实现

・压力源：冲突，表里不一，被背叛

・压力下的反应：隔离，隐蔽，抑郁

・减压措施：自我认知，新的梦想，被肯定和被关爱

NF——概念创造者

・性格类型：INTP，ENTP，INTJ，ENTJ

・气质特征：掌握概念、知识和技能，崇尚经验、逻辑，概念和思想始终如一，不断追求进步

- 核心价值：知识和技能，掌握和控制
- 压力源：缺乏知识和技能
- 压力下的反应：困惑，沮丧，焦虑
- 减压措施：找寻新的项目，重新获得知识和技能

第九章 Chapter 9

十六种性格类型特征

第九章 十六种性格类型特征

ISFJ——抚育者

这类型的人仔细认真,传统,耐心,有条理,有献身精神,愿服务和保护他人,忠诚,实际,细致,负责……如果你是ISFJ型,那么你倾向于富有同情心,忠诚,体贴和尽责,是用关爱默默守护人们免受伤害的"监护人和支持者"。

无论有多麻烦,只要他人真的需要帮助,你都会竭尽全力地帮助他们,常常为此花很多时间。你热衷于协助某个朋友,确保每一件事都能妥当安排以达成目标。你天性沉静,友好,谦逊,受人尊敬。你注重提供实际的帮助,富有牺牲精神,乐于做无名英雄,特别是为家庭。你最与众不同的性格优势是能默默地提供帮助,确保事情处理得井井有条。

童年的你尽责,勤勉,很少给父母和老师添麻烦。你会按照要求默默地尽力完成所期望的事,常常被认为是个完美的好孩子。安全感和有规律对儿时的你很重要。学习中,你喜欢那些有具体定义,并能体现你刻苦努力的作业来取悦老师，不太擅长完成要求独创性的项目，喜欢探究明确的答案。

成年的你习惯为某个长远目标设定不同阶段的具体计划，立足当前，沉着地应对变化。你会安心地做任何工作，轻易不会想要改变工作。你喜欢组织结构明确，具有现实服务性的工作，如学前教育和小学教师、保健服务、家庭医生、护士等职业，这些工作能为他人提供有益的服务，并且有私密空间让你能安静地思考而不受干扰。你懂得积蓄，在退休前会有足够的储蓄以保障后面的生活需求。你一般不热心追求做领导，但会因为经验和负责被提为领导。你的领导风格以人为本，激励他人自觉地按照组织规定把事情做好。

你通常只有在完成工作后才会休闲，因为总能看到事情要去做，因此你很少能放松。你不愿意成为群体的中心人物，经常看上去比较严肃。而当你和家人或熟悉、喜欢的朋友在一起时，你往往会充满乐趣。

你的爱情观是安全可靠和坚守诺言。一旦爱，你会爱得很深，给予很多，也会期望对方同样地爱你，当对方不能如你所愿，你会失望。你通常不会流露你的失望，而且能维系不尽如人意的关系，为了忠于你的承诺和责任。

你是一个不知疲倦地力求支持他人的人。

ESFJ——助手和贴心人

这类型的人认真，忠诚，爱交际，亲近，负责，喜欢和谐，易于合作，机巧，严谨，热情积极，富有同情心，传统……

如果你是ESFJ型，那么你倾向于乐于助人，用理解和关爱把人们凝聚在一起，是共同完成任务的"助手和贴心人"。

你非常看重人际关系的和谐。你喜欢组织任何事，和别人一起去准确而准时地完成任务。你尤其关注人类的最基本需求，特别是健康和社会福利，热衷于帮助那些需要帮助的人。注重安全和稳定性，热心、体贴周到和友好是你的性格特征。你喜欢有组织、有秩序，热情高效地做事，能够坚守承诺。你最与众不同的性格优势是能有效地组织人们，和谐地把某个任务圆满完成。

童年的你单纯友好，有安全感，富有合作精神，喜欢关心别人的感受和给予帮助，并会主动努力地让别人接受自己。你很小心做对的事来取悦长辈，较早地就会介入一些社会公益活动。你擅于倾听，用乐观、热情感染朋友，不乏很多好友。学习上，你需要安静，怕打扰，怕老师批评，更喜欢一些小组合作项目。

成年的你对自己身为父母、配偶和职工的角色都有高度的承诺和责任感。你喜欢能够实际地帮助人的组织工作，即使退休后你也会忙于与人际关系相关的组织活动。你通常尊重权威，遵守规则，擅于和别人合作并按时而准确地完成任务。适合你的职业有儿童保育员、牙科助理、小学教师、护士、办公室经理、放射技师、接待员或秘书、宗教教育家、教练等能直接帮助别人的工作。你的领导风格是关注人的需求，充分发挥人的主观能动性，以身作则。但有时候，你会因为过于注重人际和谐，而不够果断。

你喜欢邀请别人参与休闲活动，比如教会、读书会和社区家庭活动等。你喜欢计划定期的休闲活动，并为其做充分的准备。

你的爱情观是温暖体恤和坚守承诺。恋爱时，你会用各种热情而实际的关怀感染对方，精心挑选卡片、鲜花和礼物，留下美好纪念。如果对方流露了想要某个东西，你一定会想方设法找到那个东西。你会把最好的一面给对方，哪怕委屈自己。你希望对方也能像你一样细腻和体贴，如不能，你会将其归咎于自己的失败。

你是一个不知疲倦地力求帮助他人的人。

ISTJ——检查员

这类型的人求实，严谨，深入，系统，通情达理，坚定，有条理，负责，明智，刻苦，实际，可靠……

如果你是ISTJ型，那么你倾向于有计划，有系统，刻苦深入，是总能将任务按计划完成的"规划者和检查员"。

无论你做什么事，都会认真负责，为人可靠、实际。你敏感，小心谨慎，严守诺言。你的细心，深入和系统的思维，以及总是提前计划和准备的习惯，使你能够很好地规划

和控制你所要的事物达到预期的品质。你擅长行政管理和制定规程，你最与众不同的性格优势是能够掌握和安排最恰当的时间和地点，并将事情按部就班地做好。

童年的你严肃，认真而保守，喜欢秩序。因为谨慎，你可能对陌生人感到不舒服。你喜欢更传统的活动，比如烹饪和维修，喜欢先完成任务后再玩。你对环境中不规范的行为和任何违背常规的现象都很敏感，特别喜欢那些正义战胜邪恶的故事。你在青少年时期属于脚踏实地的类型，擅长学习具有实用性并能够发挥细心特长的学科。想要你信服某种信息或学说，老师往往需要非常精确地引用资料。你更喜欢以任务为导向的学习环境，喜欢有准确的时间表，并且有明确要求和定义的任务。

成人的你珍惜自己已有的东西，注重维护家庭和社会的传统。你工作稳定，有毅力，吃苦耐劳，常常当选为组织中的负责人。你适合做会计、审计员、牙医、电工、一线主管、科学教师等能让你发挥全面处理事实和数据的能力的工作。彻底完成任务是你的工作作风。你的领导风格是用过去的经验和事实指导决策，更注重任务而不是人际关系，不善于表扬。

你通常必须在完成任务之后才会有真正的休闲，而且休闲需要有目的、结果和明确的时间表。你喜欢独处，可能会全神贯注地看电视，因为这能让你有时间思考，而且看起来还在做一些事情。你的爱情观是坚守承诺、稳定和始终一致。你喜欢为伴侣提供一些明智和现实的事，如付账单和修理房屋，为伴侣提供稳定和安全感。你会希望自己的伴侣和你一样尽职尽责，更安于当前关系的确定性，而不幻想未来的不确定性。

你是一个不知疲倦地力求尽职尽责的人。

ESTJ——实施者和监管者

这类型的人有逻辑，果断，客观，高效，直率，实际，有条理，不感情用事，认真，负责……

如果你是ESTJ型，那么你倾向于身先士卒，是卷起袖子直接把事情完成的实干家。

你注重传统和规则，责任心强，工作效率高，擅长按照一定的标准，有组织、有秩序地运用资源把事情完成。你会专注地待一项任务，能够预期可能的困难而避免过程中的错误，对任何事情都有高度的责任感。你的生活也一贯遵循逻辑和原则，能快速做出决定和行动计划。你在参与某种需要有组织、有结构地实施并要求达成预期效果的活动的时候会表现出色。

童年的你注重逻辑，实际，有序和公平。有责任心、可靠和孝顺是你的天性。你喜欢有一定规则、组织和传统性的集体活动，如运动和乐队，不喜欢规则变化。因为负责可靠，你常常成为团体的领导者。在学习上，你也需要有计划和明确目标，按日程表学习。青年的你很早就明确职业方向和生活目标，并专注于目标做现实准备，如兼职打工挣钱为自己攒学费买车等，不喜欢冒险。

成人的你对自己的家庭和社会角色定位都非常认真和负责，往往是家庭、社区、公司和社会的支柱。不停地忙碌似乎是你的爱好。职业上最能适应有层次结构和系统管理的机构，喜欢有清晰目标的任务。适合的职业有：政府工作人员、保险代理人、主管、技师、销售等那些能让你有成就感的工作。你的领导风格是擅长调动资源，迅速解决问题，专注把事情做好，较少考虑人际关系。你追求稳定、可预见性和效率，一般情况下会希望在一个公司工作很久，直到退休。

你通常必须在完成任务之后才会有真正的休闲，而且休闲需要有目的，如为家庭关系或保健，你不太会即兴地去散步，即使散步，也往往为某个目的。你更喜欢传统性的各种

运动，如狩猎，钓鱼，露营，高尔夫等。

你的爱情观是稳定和坚固，喜欢在一些聚会和运动活动中寻求伴侣，但初恋却常常是一见钟情的。因为你认为两性关系起起落落是正常的，所以会忽视对方的感受，甚至将关系危机视为小事而伤害对方。分手对你来说是很难受的事，你会尽一切可能维系关系。

你是一个不知疲倦地力求把事情按预期完成的人。

ISFP——艺术创作者

这类型的人体贴，温柔，谦虚，适应能力强，敏感，善于观察，合作，忠诚，信任，随性，理解，和谐……

如果你是ISFP型，那么你倾向于温柔，富有同情心，是开放和灵活生活的"艺术创作者"。

你怀着一份恬静的愉悦，享受当下的生活。你为人周到，乐于助人，特别愿意帮助不幸的人。你擅长运用贯通和变化，即兴创作各种艺术品和生活用品。你总能敏锐地捕捉现实中某个时刻的感觉，经常花时间为生活环境增添一些美感。你安静、谦虚和谦让的天性总使你避免与他人的冲突，维持和谐。你最出色的地方是能把别人好的一面呈现出来。

第九章 十六种性格类型特征

童年的你知足、安静、好心而重感情，不爱显露自己的天份，偏爱需要温柔关爱的人、动物和植物。你会为喜欢的人亲手制作独一无二的礼物，很讲究色彩、材质和构型。在学习上，你擅长动手实验类的课程，更喜欢学实际应用性而不是纯理论性的课程，对人文科目更感兴趣，绘图和制作模型是你喜爱的活动。

成人的你喜欢安静的幕后工作，帮助人们实现他们的目标和梦想。适合你的职业很多，如木匠、技工、饮食服务、护士、理疗师、技师等，你会注入你的热情让大家愉快合作，因此而受同事们喜爱。你热爱朋友和家人，喜欢花时间增进与他们的感情。你的领导风格是靠大家对你的信任和忠诚来激励团队，你擅于表扬和鼓励多过批评。你一般不主动追求领导的角色，多数情况是因为需要而被提拔的。

你喜欢及时行乐，不仅自己享受各种乐趣，还经常提醒家人朋友劳逸结合，停下来感受鸟语花香，还会时常地给他们一些惊喜的休闲礼物，如电影票、旅游机票等。你也喜欢能自己独自享受的爱好，如绘画、厨艺、滑雪和修车。你经常以独特的幽默天性让某个尴尬的局面得以缓和。退休后的你会被很多了解你的人敬爱，因为你懂得接纳生活和享受每件小事。

你的爱情观是投入、忠诚、关心和体谅所爱之人的需求。陷入爱河的你常常天真，忽视一切地投入浪漫的爱，你可以为爱放弃事业。家庭的每一个成员都对你很重要，哪怕是宠物。

你是一个不知疲倦地追求生命关爱的人。

ESFP——鞭策者

这类型的人热情，随遇而安，爱开玩笑，友善，活泼，爱交际，健谈，易于合作，随和，宽容，开朗，快乐……

如果你是ESFP型，那么你通常友善、风趣，是有天然人缘的"鞭策者和使者"。

你极其热爱生活，喜欢和人相处。你热情洋溢、精力充沛，能从人、食

物、衣着、动物、大自然，以及各种活动中找到乐趣，并善于将这些享受热情地与别人分享，很容易受别人的喜爱。你对人有同情心，慷慨大方。你喜欢行动和刺激，并经常以自己独特的方式活跃气氛。你善于将人与资源联系在一起，知道如何激励人们把事情做好。你的独特性格优势是能以有趣和生动的方式来满足他人各种情况下的实际需要。

童年的你友好、热心、活跃、喜欢取悦人。你喜欢和同学一起学习，更喜欢在小组中与他人一起做事，而不仅是观察和倾听。你不太擅长安静地阅读纯理论性或概念性的东西，但当你了解和喜欢某个老师，并得到简单、准确、具体而非抽象的指导时，你会学得很好。

成年的你保持乐观的生活态度，即使事情并不顺利，也仍会给人留下阳光、有魅力的印象。因为你机动灵活的风格，通常能在任何情况下为自己找到合适的位置。你更喜欢在活泼、行动导向、和谐的环境中工作，喜欢与人相处的职业。你喜欢为他人提供直接和实际的服务，寻找自我实现和有回报的工作，特别是那些"微笑服务"很重要的工作，你会做得很好，适合你的职业有公务主管、教练、设计师、工厂主管、接待员、娱乐工作者、治疗师等。你擅长与不同年龄、不同背景、不同类型的人交流，能展现出自己和公司的积极形象。你的领导风格是注重人际关系，激发个人主观能动性，强调团队合作，在危机情况下，有快速的响应能力。

你很喜欢休闲娱乐，经常能将某种乐趣稍加改变，就变成一个新的乐趣，无论是手工、健身、运动，还是和朋友出去吃饭、聚会或看电影，甚至看电视对你来说也可以是主动的，因为你很容易与角色共情。你更喜欢读短的东西，比如报纸和杂志，而不是长篇小说。你喜欢结交和维系朋友关系。直到退休，你仍会保持各种爱好。

你的爱情观是双方价值观相同，能享受彼此。当你被接受时会非常热情慷慨；被拒绝时会不知所措。你可以很快地爱上某人，但当感觉价值观差异太大而不舒服时，也会很快退出。当一段感情结束时，你通常会很尊重分手的伙伴，让彼此很快开始新的生活。

你是一个不知疲倦地追求生活乐趣的人。

ISTP——分析员和操作者

这类型的人有逻辑，适可而止，实际，现实，求实，有分析能力，勤勉，独立，敢冒险，随遇而安……

如果你是ISTP型，那么你通常善于观察，基于理性和客观实际，是通过行动解决问题的"分析员和操作者"。

你对环境敏感，小心观察身边发生的事，对现实情形有预见性，喜欢收集各种事实和数据来分析事件的缘由。擅长操作工具、框架分析和解决问题，喜欢具有挑战性的问题，常通过实施自己自由独创的方案，最终找到解决问题的办法。你通常不喜欢抽象或不现实的事。你有冒险精神，喜欢一些刺激的活动，如摩托、飞行、冲浪等。当某个实际问题需要迫切关注时，你能够迅速提供理性分析和解决方案。

童年的你善于逻辑思考、观察和动手，如喜欢把玩具拆开看看里面的究竟。你善于观察人们的言行，喜欢挑错，当发现言行不一的时候，你会直接指出来。学习上，你最擅长观察老师如何做，手把手教的方式你掌握得最快。你希望有灵活的时间表，按照自己的节奏学习。

成年的你比较放松，很少做什么职业规划，尽可能地花时间在自己的爱好上。你喜欢的工作是以项目为目标，能让你自由发挥独立解决问题能力的工作，如工程师、建筑工人、运输操作员等。你总能找到最容易、最快捷的途径将任务完成。你通常很熟悉工作的标准、规程和要求，因此在遭遇危机的时候也能从容应对、迅速响应。你的领导风格是以身作则，用行动做榜样。你在管理上比较宽松，通常给员工必要的信息，让每个人用自己的风格完成自己的工作。

你的休闲爱好通常会是一些冒险性的运动，你一般喜欢独自的活动，也喜欢和家人一起享受乐趣。对你爱好的事，你会记住很多细节，比如，你往往能够记住某个运动员的姓名、号码、事迹等。

你的爱情观是责任和现实，希望你的伴侣给你必要的自由空间，或能和你一起享受各种爱好。你不善于言辞，更多用行动表达爱，会用心在一些细节上给伴侣惊喜的礼物。你不轻易放弃，但一旦结束，即使痛苦，你也能较快地理性接受事实，重新开始。

你是一个不知疲倦地追求生活题解的人。

ESTP——推进者和执行者

这类型的人好动，随遇而安，爱热闹，多才多艺，精力充沛，机敏，随遇而安，重实效，随和，善于说服，开朗……

如果你是ESTP型，那么你通常喜欢自由，注重行动，是追求实际的"推行者和执行者"。

你充满活力，是积极的问题解决者，能充分地享受生命，不错过任何一个美好的时刻。你活泼向上，有能量，多闲趣，爱热闹，喜欢行动和参与。你一向直言不讳，语言简洁明了。你喜欢观察，擅长动手操作在需要大量资源的情况

下，你能发挥你的迅速和灵活的优势，设法组织人力，找到最实际而有效的途径，把需要做的事做好。

童年的你充满能量，热爱自由和热闹，无法容忍生活枯燥。你喜欢去学校，不是因为喜欢学习，而是因为在那里有好多伙伴可以一起活动。你会为参加体育活动迅速赶完作业。学习上，对那些你感兴趣的，要求比较实际，并且讲解清楚的课程，你会学得比较好。你不喜欢当前用不上的理论课。你注重细节，容易挑错，你喜欢幽默风趣的老师和灵活自由的学习环境。

成年的你会将生活的重点放到工作上。你的工作风格是积极主动，迅速行动，喜欢有风险却有大回报的机会。你需要灵活和有自由度的工作环境，职业选择很宽泛，更适合审计员、手工艺人、农民、市场营销、执法人员、销售、服务人员、运输业务员等工作。工作之余，你总会参加各种活动，特别是与家人和朋友一起的娱乐。你的领导风格是随时能承担起责任，特别是在危机中，你能够冲破条条框框，迅速地解决问题。你健谈，注重事实，有说服力，能清楚表达并让大家认同你的观点。

你热爱休闲活动，尽可能挤出最多的时间享受各种爱好，特别是运动，你喜欢结交或关注一些热爱冒险运动的朋友，即使你自己并不做。你会盼着退休，因为那样你就有更多的时间享受爱好了。

你的爱情观是寻找一个能和你共享生活乐趣而避免无聊的伙伴。

你是一个不知疲倦地追求生活激情的人。

INFP——理想主义者

这类型的人善良，富有同情心，坚守诺言，有创造性，有献身精神，沉默，温和，适应性强，好奇，忠诚，专心……

如果你是INFP型，那么你倾向于敏感，内省，复杂，有爱心，关心他人，是有理想、有远见和有创意的"和谐使者和情感体察者"。

你内心有不可动摇的核心价值，指引你的一切交往和决定，执着地追求理想的生活。你希望投入对自己和别人有发展和有贡献的工作，因为你认为在赚工资以外，工作还需要有意义。对你来说，按照自己相信的道德责任做人是至关重要的。你有丰富的想象力，喜欢探索新思想、新主意和各种可能。对于自己认定重要的事，你会坚持不懈默默地促成，从不放弃。尽管你平常表现得温和幽默，但可能会经常被人忽视，而且很多人难以理解你复杂的内涵。你希望能让你的生活境界符合你完美主义的理想远景。

童年的你经常创造一个自己的虚幻世界，享受远离现实的梦想，很容易沉浸在书中的情节。你通常会有某种特别的沟通能力，如书写或绘画。你会很早就了解什么对你是最重要和最有价值的，你有不多但是非常亲密的好朋友可以共享快乐时光。你喜欢完全靠自己把事情做好，尽量不麻烦别人。学习上，你需要有自由时间能深入钻研自己喜爱的内容，只要你感兴趣，或当老师灵活并能关注你，你的成绩一般都会很好。

成年后的你，因为追求自我价值观的统一和完美主义，你会不容易找到理想的职业，因此经常换工作。你喜欢能让你有空间自由发挥你创造力的工作，不喜欢循规蹈矩。擅长宏观项目，不擅长细节。你适合做咨询

师，编辑，讲师，艺术家，记者，心理学家，教育学家，社会科学家等能符合你的价值观的工作。

你的领导风格是低调、温和，能间接引导别人，擅长发现每个人的特点，把合适的人安排到合适的位置，一起把事情做好。人们一般都喜欢和你共事，即使可能不太理解你。

休闲爱好对你来说非常重要，但通常你会很难把爱好和工作分开。你容易喜欢一些安静的事情，比如独自读书、侍弄花园、静思冥想。你喜欢和伴侣一起享受休闲活动，当你喜欢某个社交活动时，你可以很出彩。你的灵活、温和和幽默感容易让你受人喜爱。

你的爱情里有最深重的承诺、最难得的真爱，因为你永远理想主义。

你是一个不知疲倦地追求理想的人。

ENFP——创新者和行动者

这类型的人友善热情，有创造性，独立，好奇，有想象力，多才多艺，善于表达，友好，精力充沛，好动……

如果你是ENFP型，你通常有好奇心，有创意，有热忱，是友善和充满关怀的"创新者和鼓动者"。

你极为善解人意，对现在和未来都特别有见地。对你来说，生命是有创意的冒险之旅，充满令人兴奋的各种可能。你感情丰富，情绪强烈，善于理解群体如何运作，在追求重要的东西时，很有说服力。你适应力强，无论置身何处，都能发挥所长。你常被新人、新事和新体验所鼓舞，是变化的推动者，很适合在创新企业和项目中工作。你善于发现和欣赏别人的长处，预知别人的需求并给予帮助，你的热情和乐趣充满生活的方方面面。在需要你发挥创造力和人格魅力，鼓舞人们顺利过渡某个变化的时候，你会表现出色。

童年的你随和外向，几乎无所不爱，天然的好奇心驱动你喜欢各种有创意的活动，如绘画、写作、表演和做梦。你酷爱在有丛林和野花的自然中郊游，喜欢想象未来的各种可能和自己未来的生活。因为热情、善于说服人，你往往被拥为领袖。学习上，你喜欢寻求各种互动的方式学习，喜欢猎奇，寻求不同的答案，擅长查询信息。

成年后的你一直保持年轻的心态，热情好奇，交友广泛，平易近人。你对生命的热爱会吸引别人接近你，同时你珍惜亲密关系的深度和真挚，并会用心创造和保持开放诚实的沟通。你喜欢能让你的各种新主意发挥价值的工作环境，不喜欢被管得没有自由。你在乎和同事之间的和谐关系，你

的职业发展一般不是传统和线性的，有时没有资质，你也能被聘任，因为你能说服别人信任你。比较适合的职业有：艺术家、顾问、艺人、记者、公关、社会科学家、社会工作者等。

你的领导风格是善于鼓舞人心，能看到别人的潜能并帮助他们发挥出来，用你的远见和信心，让大家与你并肩向前。你很擅长管理很多人、资源和项目，满足机构的需求。

你会比较难于将工作和休闲娱乐分开，因为总是寻找新的可能，你不太会有某个很深入持久的爱好。你会比较喜欢读书和旅游，因为能让你不断猎奇。退休的你，仍会有很多让别人觉得不可思议的梦想。

爱，在你的生活里是一个永恒的主题。恋爱时期的你似乎有无限的人缘和选择，每一次恋爱都是新鲜和最好，但最终你会努力适应理想与现实的差距。

你是一个不知疲倦地追求新的可能的人。

INFJ——预言家和促进者

这类型的人坚守诺言，富有同情心，强烈，坚定，敏感，深沉，忠诚，有创造性，重视概念，保守，理想主义……

如果你是INFJ型，那么你通常有见解，有创意，有远见，敏感，复杂而有深度，是理想化的"预言家和促进者"。

你的生活态度是面向未来的。对人际关系的可能性有很强的直觉，善于用你的洞察力去了解复杂的含义，你追求生命的意义和人与人之间的联系，不太理会与内心理念无关的细节。你能站在他人的角度去了解人和做决定，忠实于能体现你的价值的人和机构。你不太注意自己，喜欢安静地发挥你的影响力，认为有贡献就是成就。平常含蓄，但当价值观被侵犯时，你会毫不犹豫地维护己见，坚持下去。当你专注于自己的想法、灵感和理想的时候，你是最出色的。你最与众不同的性格优势是能在复杂的人际关系问题中，比当事人更先知觉和了解当事人的感受和动机。

第九章 十六种性格类型特征

童年的你有两重性格，既能深入地参与外界活动，又能安静地独处于自己的世界。你性情温和，憎恶暴力。你喜欢结交为数不多但能互相欣赏的朋友，否则，你会感到孤立无援。你不太喜欢大型聚会，更喜欢和少数亲密的老朋友促膝长谈。你很爱学习，渴望取悦老师和长辈，加上与生俱来的掌握概念和关系的能力，通常都是好学生。你喜欢研究，会不遗余力地寻找答案。你比较擅长写作和交流，经常会把自己的理想主义带到谈话中。

成年的你较早地就能从工作、人际关系和生活各个方面找到明确的意义和目标，并全力以赴，采取不同寻常的方式去获得成就。你努力寻求能够让你的价值和理想深度融合的工作，更喜欢安静、有空间让你思考的工作环境。你适合做教育顾问、精神病学家、心理学家、科学家、社会工作者等能让你做出创造性贡献的工作。

你注重工作中与同事间的个人关系，你喜欢在办公室装饰一些人或事的纪念品或照片。你坚持正直和履行诺言的职业道德，希望工作有贡献和有意义，并因此受到尊重。你的领导风格是用理想激励别人，即关注人又关注新想法，采取低调、温和而坚定的行动方针，默默而坚定地朝长期目标前进。

对你来说，最好的休闲是安静地独处或和几个老朋友分享感受；退休对你会比较容易，因为这意味着有机会进一步发挥你一生中建立起来的各种兴趣和想法。

你的爱情观是真挚和信守承诺，你爱得深沉，不轻易外露，希望能够同时爱和被爱。你往往会被某个特别的人吸引，当遇到理想的目标，你会非常专注，深入而强烈地去追求。

你是一个不知疲倦地追求人类远景的人。

ENFJ——鼓舞者和教练员

这类型的人忠诚，理想主义，亲近，善于表达，擅长文字，负责，热情，精力充沛，有外交手段，关心他人，乐于助人……

如果你是ENFJ型，那么你通常热情，有同情心，可信赖，是擅于支持别人和鼓舞别人成长的"鼓舞者和教练员"。

你懂得和谐地配合别人，迅速了解别人的需求，经常能使利益和动机非常不同的人达成一致的意见，像"催化剂"一样把人们的优势发挥出来，连在一起。你可以是鼓舞人心的领袖，也可以是忠心耿耿的追随者。你善于交际，能从人际交往中取得动力，并以极度的热忱和努力去建立和维系这些关系。凡事喜欢有组织、秩序和结论。在那些人际关系敏感的场合，你能发挥辅助别人成就的天赋。

童年的你活泼、友善，喜欢和谐的集体活动。喜欢讲话，乐于帮助人和取悦人，常常是小伙伴的主心骨。你从小兴趣广泛，活跃于各式各样的活动中，喜欢交际，在学校经常被选为领导。学生时期的你更喜欢人文科目，擅长通过交流的方式学习，一般较早就会明确未来专业和职业方向，并努力达成目标。

成年的你常常会被那些改善人类和社会环境的工作吸引，如社区公益、家庭服务等，并用真诚和热心吸引别人一起参与。你喜欢注重人的价值的工作环境，当工作环境和谐，鼓励员工真诚表达自己时，你的表现会最出色。你适合做演员、牧师、顾问、治疗师、设计师、音乐家、宗教工作者、作家、教师等能体现你的理想和促进和谐关系的工作。

你的领导风格是教练型的，你善解人意，善于聆听和支持，为部下的需求负责，不仅是在工作上，在私事上也会尽力为他们着想。

你通常会把人际关系和责任放在自己的休闲爱好之前，比如，如果女儿需要你开车送她去学校，你可能会把某个准备参加的重要聚会取消。你喜欢读书和看电影，因为喜欢了解生活中形形色色的人物和各种生活问题。因为对人类和精神的兴趣，你也比较容易加入宗教团体，你经常会成为某个团体的演讲者。

你的爱情中充满鲜花、诗歌和烛光晚宴的浪漫。你常常会在你的合作伙伴中按照你的理想目标寻找伴侣，崇尚忠诚，信守诺言。一旦被对方背叛或抛弃，你会很受伤害，容易怨恨，难以自拔，因为你会因自己没能把关系维系好而感到羞耻。

你是一个不知疲倦地追求整体和谐的人。

INTP——理论概念设计师

这类型的人有逻辑，怀疑心重，保守，超脱，谨慎，独立，精确，有独创性，敢于投机，自主，有理论修养……

如果你是INTP型，那么你是追求纯粹的逻辑和通用真理及原则的"理论家和设计师"。

你思考问题快速而清晰，对感兴趣的事都要探索一个合理的解释。你喜欢和别人用清晰的思想进行交流，最欣赏优美的理论和逻辑。你不会轻易地接受大家都认定的事实，对于真理的理解和认同总要经历一番非常认真、深入的思考。你平常表现很低调，但当挑战真理的时候会据理力争。你喜爱理念思维多于社交活动。你天性沉静、满足、有弹性、适应力强，最与众不同的天赋是擅长对意念或复杂问题提供客观简洁的分析并掌握关键要素。

童年的你很内向，和与人相处相比，你更喜欢独处和独立思考，喜欢猎奇新鲜的事情，满脑子都是问号，喜欢挑战前辈。学习上，你容易沉浸在感兴趣的科目，经常"走神"。你喜欢深入的理论和概念性的学习，当老师功底深厚时你会很愿意学，你很享受思想和学习过程，是个永远的学生。

成年的你对你认同的原则能够认真遵守，能够包容不同的行为，对不合理的规则有批判精神，善于分析。工作上通常在独立工作时表现最佳，不安于做例行常规的工作，爱挑战陈规。你极为重视智慧和办事能力，对感兴趣的事有非凡的能力而能深入解决问题。你通常不追求领导位置，更愿在幕后专注自己擅长的领域。作为领导，你注重启发大家的思想和逻辑，一般不会按照等级资质判定某个人的能力，而是会看其工作经验。

你的休闲爱好通常能体现你性格中的两面性：一方面你喜欢专注于某个事，深入思考；另一方面又希望能冒险挑战外面的世界。所以你的休闲爱好可以是窝在家里安静地读书，看电视，也可以是去做一些冒险的活动，如滑雪、冲浪、飞行等；你也喜欢智力性游戏，如桥牌，你不喜欢闲聊，听别人闲聊，你很容易走神。

你的爱情通常会是很清晰的三部曲：很快进入的恋情，很理性的思考和体验，最后或是理智退出，或是稳定长久。你对自己爱的承诺看得非常严肃。

你是一个不知疲倦地追逐完美逻辑的人。

ENTP——探索者和发明家

这类型的人聪明，有创业精神，独立，坦率，多谋善断，有创造性，适应力强，敢于挑战，擅于分析，足智多谋，好问……

如果你是ENTP型，那么你倾向于有创造才能，追求新颖和复杂，是"探索者和发明家"。

你的天赋是能将新的思想付诸实践，实现独一无二的功能和应用。你热衷于发现新的途径，应用各种理论将系统或人的效率提高。你总是有信心和能力应付突如其来的挑战，你高度独立，崇尚适应力和创新，对变化有预见性，适应变化方面比常人都快。你痛恨教条和官僚，你最出色的时候是在环境出现变化时能很快地研究出应对的策略和概念模式，以顺利地过渡到新的环境。

童年的你活泼好动，爱提问题，喜欢与众不同，在玩具、跳舞和语言上，总爱创造自己独特的模式，好像对任何事物都不满足现状，并经常以智取胜。你酷爱学习，知识对你十分重要，你善于让大家都参与学习，喜欢竞争性的学习活动。无论在语言还是逻辑方面，你都能运用自如地和别人沟通，偏爱概念性知识。

成年的你会为自己的职业方向留有多种选择，以随时适应变化的环境。你能够洞察事物之间的关联和潜在的机会，一旦认定机会，你会执着地去实现你的价值。你天生具有企业家的素质，更喜欢灵活、有创造力的工作环境，更适合在创业阶段贡献你的创新能力。你适合做演员、化学工程师、计算机分析师、调查员、记者、市场营销、公关、心理学家、销售代理等工作。你的领导风格是让自己创造前所未有的价值,用远景指引团队,给大家很多自由空间,鼓励每个人发挥自己的主观能动性。

你非常享受休闲爱好,不断地寻找各种让你分散能量的活动,喜欢探索性活动和冒险性的体能运动。你喜欢旅游,因为能让你开放视野;你也喜欢读书,能让你思考和想象。你有很多梦想都期待着退休后能够实现。

你的爱情观是找到最合适的,为此你会尝试各种可能。遇到合适的,你会一见钟情;一般你只需要几次见面就能预知未来的关系会如何,但你不会轻易允诺。直到你安定下来,也仍旧会要求生活有足够的自由和不断的新意。

你是一个不知疲倦地追求新颖和复杂的人。

INTJ——科学家

这类型的人独立，有逻辑，有批判精神和系统性思维，有远景，要求严格，有全局思想，有理论修养，独创，坚定……

如果你是INTJ型，你通常富有洞察力和创造力，独立性强，是有远见的"概念性策划者"。

你能清楚地看见未来的可能性，并有能力和干劲把想法迅速地付诸行动。你喜欢复杂的挑战，能不怕困难地整合复杂、理论化和抽象化的事情。你擅长创造宏伟的结构并制定策略去实现目标。你非常重视知识和专业技能，追求秩序和效率，独立性在十六种类型中是最强的。冷静思考的习惯使你以批判的眼光去衡量每件事，很快发现要解决的问题。必要时，你能决断和强硬。你最与众不同的性格优势是从全局角度看事情，迅速看到新的信息和全局之间的关系，是目光长远的策划者。安静地专注于你的思想、理论和原则的时候，你能拥有最佳状态。

童年的你很早就表现出特别的独立性，对自己坚信的事也表现得很倔强，即使面对父母、老师等权威也不退让。你很早便形成自己的一套准则，界限和风格。喜欢猎取知识和自我教育，酷爱读书，常被称为"书虫"。你擅长学习和吸收自己感兴趣的知识，喜欢探索更具普遍性的理论和系统，喜欢挑战老师。你的学业和学术研究通常会很出色。

成年的你注重追求自己内在的目标和标准，对自己认定重要的事会非常努力地去实践。你一般不喜欢社交，除非是为了某个目的。你的朋友不多，但对少数满足你的标准的朋友，你会维系很久。你喜欢的工作环境是能让你和一些有知识和智慧的人共事。你注重做事，喜欢有私密和学习空间，以发挥和拓展知识和技能。比较适合你的职业有：计算机系统分析员、电气工程师、法官、律师、摄影师、心理学家、研究人员、科学家、大学讲师等。

你的领导风格是果决坚定地按照组织架构的整体目标驱动，有时你会诧异为什么人们不能和你一样看清远景。你容易看到问题，爱批评，不太关注人际关系，领导各种不同性格的人组成的群体会比较困难。

没有什么事情对你来说是可以率性而为的，休闲爱好也是如此。你会选定一两项有益的爱好，规划长期和阶段性目标，按时间表持续推进和提升。比如，如果你为锻炼身体选定骑自行车，你会瞄着专业的目标，持之以恒地循序渐进，很少懈怠。

你的爱情观是找到一个能和你共享生活远景的伙伴。对于两性关系，你往往有一个既定的观念和模式，当对方的个性与模式不兼容，你会苦恼。你的爱比较深沉，与情侣分手时你常常难以自拔。

你是一个不知疲倦地追求自我进步的人。

ENTJ——策划和执行者

这类型的人有逻辑，果断，计划性强，固执，擅谋略，有批判精神，有克制力，爱挑战，直率，客观，公正，有理论修养……

如果你是ENTJ型，你常常能快速担当责任，是指导解决问题的"策划者和执行者"。

你具有快速响应、快速解决问题的能力。你的天赋在制定策略、计划和协调任务按秩序执行，特别擅长处理有分歧或是效率低的问题。你有远见谋略，喜欢指点别人实现他们的目标，擅长召集和推动大家一起将计划付诸行动。你是一个天生的组织者，总会在某些效率低的情形出来负起责任。你很少说"不"，总能充分利用你的资源，找到方法应对挑战。

童年的你就喜欢对任何行动设定目标，比如今年的自由泳要比去年快一倍。你喜欢对自己和他人负责，常常积极主动要求做集体的小领导。你喜欢有组织和秩序，做任何事的原则都是必须有道理的，对不符合你的逻辑和道理的事，你很难接受。在学习中，你喜欢批判，喜欢尝试不同的方法，系统性解决问题。群组活动方式通常是你认为更有效的学习方式。

成年的你在事业上常常比一般人更早有长远和周全的目标以及行动计划，因而很容易在组织机构中成为领导。你喜欢的工作环境是和一群独立、风格果断的人共事，喜欢以结果论成就的机构，愿意解决复杂问题贡献你的执行力。比较适合你的职业有：行政管理、市场推广、银行家、执行总监等。你的领导风格是有远景、有目标、果断、直接和强硬推进，往往对事不对人。你的工作和工作相关的活动几乎是你生活的全部内容。退休对你来说是真正的挑战，因为你很难停下来。

你不太会享受纯粹的休闲。对你来说，最好的休闲活动是有目的的，比如发展业务、保持健康，或者评论观点。你喜欢工作团队的聚会活动，可以就某个问题充分讨论。你也

会坚持每天晚上弹钢琴，因为这事非常具有挑战性。你很难无事可做，几乎不能静坐十分钟而不考虑下一步要做什么。

你的爱情观是爱情只是你的总体目标的一个部分，不会是主导。你选择的配偶往往是能使你的人生目标更完美和更闪亮的支持者和配角。为此，你会以你的成果回报你的伴侣。

你是一个不知疲倦地追逐目标的人。

致 谢

本书原本纯属业余爱好的产物，能够有机会让每个接触它的人都喜爱和受益，需要感谢很多支持我的朋友。首先我需要感谢引领我深入了解MBTI性格分析的Jack Carney先生，他毕业于澳大利亚昆士兰的人类学专业，是经过MBTI认证的性格分析顾问，在澳大利亚政府从事家庭关系咨询服务的专业咨询师长达14年，当他梦想把这个国际最成熟的性格分析在中国推广的时候，我因为非常认同而为他投资创立了凯菲教育，共同开发了一套面向大学生做性格分析和职业辅导的课程。早期由他主讲，我来翻译。他正统的MBTI方式很难一对多地为学生所领悟和接受，这促成我通过实践发现MBTI不容易快速理解和精准掌握的问题，自创了这套简化实用的方法，获得了学生喜爱。但此举也伤了这位MBTI专家的自尊，因此他拒绝再与我合作，我也不得不关闭了凯菲教育。尽管创业夭折，我还是很感激Carney先生介绍给我荣格的心理类型分析哲学和MBTI16类性格类型分析工具。

这个爱好让我在自我认知上获得巨大的提升，终身受益。此外，我还要感谢众多喜欢这个课程并帮我将其引入高校学生课堂的几位国内职业辅导的先锋，包括北大的庄名科老师，北航的苏文平教授等。如果没有他们给我的支持，我一个业余爱好者，无法获得那么多为高校大学生辅导的实践机会。特别感谢清华继续教育学院的宁红，在清华EMBA终身学习俱乐部为高层CEO们举办亲子关系讲座，让我了解到很多家庭亲子教育问题，激发了我对家长和孩子的性格分析的学习乐趣。

特别感谢北航MBA学院苏文平教授，将这个性格分析最早纳入她的教学中，给我很多机会和MBA学员们交流实践。我从她长期坚持的学生职业生涯规划中学到了很多宝贵的经验。我俩也成为了长期保持交流学习的知己。

感谢我的父母，给我一个从小充满爱的家庭环境，以及对一切未知都好奇和敏感的天性，让我从后来的生活经历中及时地获得领悟，有勇气按照自己的天性指引走自己的路，在不惑之年得以享受无忧无虑的生活。

感谢我的女儿，她非常喜爱我的性格分析方法，经常在她的朋友中实践，给我很多有益的反馈，没有她的鼓励，我或许不会想将它写成书。

感谢我的三段婚姻，给我许多"无痛不成长"的生活经验和对性格认知的渴望。

感谢我在ESI公司时的同事唐革风，引领我认识荣格和他的心理哲学，让我领悟了复杂的MBTI问卷测试体系背后简单的原理。